空天科学与工程系列教材·空天推进

火箭发动机原理

程谋森　李小康　杨　雄　郭大伟　编著

科学出版社

北京

内 容 简 介

本书阐述化学火箭发动机原理。全书共 12 章，主要内容概括为：喷气推进反作用和火箭速度增量方程的质点动力学，火箭发动机推力公式的控制体方法，高温高压气团形成高速定向射流的状态关联式的热力学与气体动力学原理，化学键能转化为热能所产生气体的热物性计算的热化学原理，固体推进剂装药生成流量可调节燃气的热化学、热力学和几何学计算原理，推力室冷却和热防护的流体与壁之间传热现象与估算原理，泵对液体增压、燃气驱动涡轮的叶轮机械学、热力学与流体力学原理，燃烧过程的传热传质现象、热化学与流体力学及过程稳定性原理。

本书可作为航空航天工程专业本科生和研究生的教材，也可作为相关专业的科研人员的参考书。

图书在版编目(CIP)数据

火箭发动机原理 / 程谋森等编著. —北京：科学出版社，2021.11
(空天科学与工程系列教材·空天推进)
ISBN 978-7-03-069885-8

Ⅰ. ①火… Ⅱ. ①程… Ⅲ. ①火箭发动机—理论—教材 Ⅳ. ①V430

中国版本图书馆 CIP 数据核字(2021)第 195030 号

责任编辑：潘斯斯 张丽花 / 责任校对：王 瑞
责任印制：赵 博 / 封面设计：迷底书装

科学出版社 出版
北京东黄城根北街 16 号
邮政编码：100717
http://www.sciencep.com

北京市金木堂数码科技有限公司印刷
科学出版社发行 各地新华书店经销
*
2021 年 11 月第 一 版 开本：787×1092 1/16
2025 年 10 月第八次印刷 印张：10 1/2
字数：246 000
定价：68.00 元
(如有印装质量问题，我社负责调换)

序

自古以来，人类就一直梦想能够像鸟儿一样自由飞行。无论是嫦娥奔月还是敦煌飞天，都代表了人们对于天空的这种向往。人类也从来没有停止过对飞行的追求和探索。莱特兄弟在 1903 年实现了人类大气层内的第一次有动力飞行，开启了航空时代新纪元。也就在这一年，齐奥尔科夫斯基建立了火箭和航天飞行理论。1911 年他说出了这样一段名言："地球是人类的摇篮，但是人类决不会永远停留在摇篮里。为了追求光明和探索空间，开始会小心翼翼地飞出大气层，然后征服太阳周围的整个空间……"。1926 年戈达德成功进行了第一枚液体火箭发射试验。他有一句名言："过去的梦想，今日的希望，明天的现实"。人类从此进入航天时代。第一架螺旋桨飞机，第一个民用航班，第一架超声速飞机，第一颗人造卫星，第一艘载人飞船，第一次踏上月球表面……短短一百年来，人类飞行史创造了一个又一个里程碑。时至今日，航空航天技术对人类社会的影响已经拓展到交通、通信、气象、军事乃至日常生活等各个方面，其作用无疑是巨大而且广泛的。

空天发展，动力先行。作为空天飞行器的"心脏"，航空航天发动机技术的突破一直是推动空天活动不断超越发展的重要驱动力。活塞式发动机直接催生了飞机，喷气式发动机推进飞机突破声障，火箭发动机技术的成熟使得人类的宇宙航行和空间探索成为现实，目前已经成为国际热点的超燃冲压发动机可以实现两小时全球到达，有望把人类带入高超声速时代……社会不断进步，文明不断发展，人类的飞行梦想不断延伸，为空天推进技术的发展提供了源源不断的牵引力，也寄托了更热切的期盼。

我国的航空航天事业伴随着共和国的成长，从无到有，从弱到强，见证了中华民族伟大复兴的历史进程。航空航天事业的发展过程也正是空天推进技术不断取得突破的过程。一代又一代空天推进领域的专家和技术人员殚精竭虑，栉风沐雨，付出了辛勤的劳动，做出了巨大的贡献，也收获了沉甸甸的希望。从 WP 系列涡喷发动机、WS 系列涡扇发动机，到 YF 系列液体火箭发动机、FG 系列固体火箭发动机等各类航空航天发动机，累累硕果无不凝结着空天推进人的执着追求和艰苦奋斗。

国防科技大学空天科学学院源自哈尔滨军事工程学院的导弹工程系，成立以来一直专注航空航天领域的人才培养和科学研究工作，六十余年来为我国航空航天领域管理部门、科研院所、工厂企业等单位培养了大批优秀的科技、管理等各类人才，发挥了重要作用，形成了被传为美谈的"人才森林"现象。空天科学学院的校友也一直是我国空天推进事业的骨干力量。

最近，教育部公布了"双一流"建设高校及建设学科名单，国防科技大学进入"一流大学"名单，空天科学学院主建的航空宇航科学与技术学科进入"一流学科"名单。

习近平总书记在党的十九大报告中明确提出"加快一流大学和一流学科建设，实现高等教育内涵式发展"，指明了高等学校的办学方向。建设世界一流学科，涉及多个方面的内容，最重要的是两个方面：高质量的人才培养和高水平的科学研究。人才培养是高等学校的立身之本，是最重要的使命。高水平的教学活动是培养高质量人才的基础性工作，包括课堂教学、实践教学、创新活动指导等方面，因此应是建设一流学科重点关注的工作之一。高质量的人才培养不但对学科声誉具有长期的支撑作用，而且为科学研究提供宝贵的创新人才支持。同时，高水平的科学研究对于人才培养也有着非常重要的支撑作用。党的十九大报告指出，建设创新型国家，"要瞄准世界科技前沿，强化基础研究，实现前瞻性基础研究、引领性原创成果重大突破"。可见，新时代高等学校的科学研究要更注重提升品质，提高层次，不但要为我国原始创新、引领性成果做出更大贡献，而且要为建设世界一流学科奠定坚实基础。

国防科技大学有一个很好的办学传统，就是"中国航天之父"钱学森同志提出的"按学科设系""理工结合，落实到工"的传统。这实际上就是以学科建设为主线，将人才培养与科学研究紧密结合，教研相长，相得益彰，形成良性循环。实践证明，这是一条成功之路。

空天科学学院按照这个思路开展学科建设，其中，编著出版高水平教材和专著是该院采用的行之有效的好方法之一。这样既能及时总结升华科学研究的成果，又能形成高水平的知识载体，为高质量人才培养提供坚实支撑。早在 20 世纪 90 年代，该院便出版了《液体火箭发动机控制与动态特性理论》《变推力液体火箭发动机及其控制技术》《液体火箭发动机喷雾燃烧的理论、模型及应用》《高超声速空气动力学》等十几部教材，至今仍被本领域高等学校和科研院所作为常用参考书。

现在，在总结凝练长期人才培养心得和前沿科研成果的基础上，该院又规划组织编著"空天推进"系列教材。这不但延续了学院的优良传统，也是建设世界一流学科的前瞻性举措，恰逢其时，承前启后，非常必要。这套新规划的"空天推进"系列教材有几个鲜明的特点：一是层次衔接紧密；二是学科优势突出；三是内容系统丰富。整个系列按照热工基础理论、推进技术基础、发动机应用技术和学科前沿等层次规划，既突出火箭推进方向的传统优势，又拓展到冲压推进新优势方向，既注重理论基础，又强调分析设计应用，覆盖面宽，匹配合理，并统筹考虑本科生和研究生的培养需要。总体来说，该系列教材涵盖了空天推进领域较为系统的知识，体现了优势学科专业特色，反映了空天推进领域的发展趋势。这不但对于有志于在空天推进领域深造的青年学子大有帮助，而且对从事空天推进领域研究与应用的科技人员大有裨益。该系列教材的出版对我国空天推进人才的培养和先进空天推进技术的发展必将起到积极的促进作用。

习近平总书记在我国首个"中国航天日"到来之际指出："探索浩瀚宇宙，发展航天事业，建设航天强国，是我们不懈追求的航天梦"，强调要坚持创新驱动发展，勇攀科技高峰，谱写中国航天事业新篇章。前辈的不懈努力已经推动我国航空航天事业取得了世人瞩目的巨大进步，空天事业的持续发展还需要后来人继续加油。空天推进是推动航空航天事业飞跃的核心技术所在，需要大批掌握坚实基础理论和富有创新精神的优秀人才持续拼搏、长期奋斗。我坚信，只要空天推进工作者矢志争先图强，坚持追求卓越，我们就一定能够不断实现新的跨越，不辜负新时代对空天推进人的殷切期待！

中国科学院院士 龙建辰

二〇一七年十月

前　　言

本书是作为航空航天工程专业本科生和研究生同名课程的教材编写的。学习"火箭发动机原理"课程，应当注重物理、化学基本原理，热力学、流体力学等先修课程的基础知识，以及高等数学基本工具的运用。物质世界是理性的，在基本原理层面，所有的工程学分支都是相通的，可以实现一通百通、触类旁通。这样培养的学生，毕业后能够适应多样性技能领域和岗位的要求。因此，学习并运用第一性原理是本课程试图贯彻的教学理念。囿于编者见闻，国内此前还没有相对完善的火箭发动机原理课程教材。这是编者决意编写本书的原因。

火箭发动机是指消耗飞行器自身携带的物质来产生喷气反作用的推进装置。本书阐述了化学火箭发动机原理。本书的内容是由基础逐步走向高阶的。全书共分 12 章，主要内容如下：

（1）喷气推进反作用和火箭速度增量方程的质点动力学；

（2）火箭发动机推力公式的控制体方法；

（3）高温高压气团形成高速定向射流的状态关联式的热力学与气体动力学原理；

（4）化学键能转化为热能所产生气体的热物性计算的热化学原理；

（5）固体推进剂装药生成流量可调节燃气的热化学、热力学和几何学计算原理；

（6）推力室冷却和热防护的流体与壁之间传热现象与估算原理；

（7）泵对液体增压、燃气驱动涡轮的叶轮机械学、热力学与流体力学原理；

（8）燃烧过程的传热传质现象、热化学与流体力学及过程稳定性原理。

本书设定读者已经掌握高等工科学校本科阶段高等数学方面的多元多重微积分、常微分方程、偏微分方程初步、级数、矢量场分析初步、概率论与随机过程初步，以及普通物理方面的振动与波、普通化学和工程热力学等基础知识，具有流体力学或者气体动力学基础，对传热学基础不做要求。本书全部内容可按照 32~40 学时讲授。

囿于编者学识水平，对所采名家著作的转述可能出现疏漏，自创的文辞也可能有不足。在此向所参考、引用的原著者致谢。本书封面设计使用了于翔先生拍摄的火箭飞行照片，惠蒙许可，谨致谢忱。

若书中存有疏漏和不足之处，敬请读者批评指正。意见反馈：mscheng@nudt.edu.cn。

编　者

2020 年 11 月于湖南长沙

目 录

第1章 火箭飞行力学基础 ··· 1
   1.1 喷气推进概念 ··· 1
   1.2 火箭速度增量方程 ··· 1
   1.3 运载火箭重力损失和最优加速度 ·· 3
   1.4 火箭分级 ·· 6
   思考与练习题 ·· 7

第2章 火箭发动机性能参数 ··· 8
   2.1 动量定理的回顾 ··· 8
      2.1.1 动量定理应用于固定质量的系统 ·· 8
      2.1.2 动量定理应用于几何形状固定的控制体 ·································· 9
   2.2 火箭的推力 ·· 10
      2.2.1 火箭静态推力 ··· 10
      2.2.2 飞行中火箭的推力 ··· 10
   2.3 比冲量 ··· 12
   2.4 火箭推进的能量效率 ··· 13
      2.4.1 理想热火箭推进的能量平衡 ·· 13
      2.4.2 推进效率 ··· 14
      2.4.3 燃烧效率和内效率 ··· 14
      2.4.4 实际热火箭推进的能量损失 ·· 15
   思考与练习题 ·· 15

第3章 热火箭喷管模型 ·· 16
   3.1 热火箭发动机现象学初步概念 ··· 16
   3.2 喷管流动的燃气初始状态 ·· 16
   3.3 喷管流动模型的类别 ··· 17
   3.4 完全气体通道流动的质量流量 ··· 18
   3.5 喷管性能参数及出口压强的影响 ··· 22
   3.6 非理想膨胀效应 ··· 25
   3.7 喷管构型与流动的联系 ··· 26
      3.7.1 喷管类型 ··· 26

  3.7.2 流动马赫数随扩张角的变化 ·· 27
  3.7.3 喷管壁面线沿轴向的变化 ·· 29
思考与练习题 ··· 31

第4章 燃气状态参数计算

4.1 火箭燃气喷射模型回顾 ·· 32
4.2 燃烧热化学 ·· 32
  4.2.1 燃气平衡态 ·· 33
  4.2.2 燃烧的能量转化与守恒关系 ·· 33
  4.2.3 燃烧终态稳定的化学平衡条件 ·· 35
  4.2.4 化学反应平衡常数的表示形式 ·· 37
  4.2.5 复杂燃烧产物组分与温度的确定方法 ····································· 38
4.3 比热容的温度和分子结构相关性 ·· 42
4.4 喷管流动中的热化学 ·· 45
4.5 产物成分确定的进一步说明 ·· 48
思考与练习题 ··· 49

第5章 固体火箭发动机内弹道学

5.1 概述 ·· 50
5.2 平衡室压方程 ·· 51
5.3 室压稳定条件 ·· 52
5.4 燃速的初温敏感度 ·· 54
5.5 装药构型与燃面计算 ·· 55
  5.5.1 端面燃烧药型 ··· 56
  5.5.2 径向燃烧药型 ··· 56
  5.5.3 星形装药 ··· 56
  5.5.4 分段装药 ··· 57
思考与练习题 ··· 57

第6章 推力室冷却与传热

6.1 冷却方式 ·· 58
6.2 再生冷却中的传热与流动 ·· 60
  6.2.1 槽道内流体与固壁之间的对流传热 ·· 60
  6.2.2 槽道内流动的摩擦压降 ·· 62
  6.2.3 雷诺比拟 ··· 63
  6.2.4 热燃气侧透过边界层的传热 ·· 64

6.3 烧蚀冷却 ·· 65
思考与练习题 ·· 69

第7章 推力矢量机构与增压系统 ·· 70
7.1 推力矢量机构 ·· 70
7.2 增压系统 ·· 71
7.3 推进剂储箱质量估算 ·· 73
思考与练习题 ·· 75

第8章 离心泵流体力学原理 ·· 76
8.1 离心泵 ··· 76
   8.1.1 离心泵的结构和简图 ·· 76
   8.1.2 泵的基本参数 ·· 77
   8.1.3 泵和其他叶轮机械的关系 ·· 78
8.2 水力学基础 ··· 78
8.3 离心泵工作轮作用理论 ·· 82
   8.3.1 速度三角形 ··· 82
   8.3.2 理论扬程 ·· 83
   8.3.3 工作轮的吸入口和预漩 ·· 84
   8.3.4 欧拉性能曲线 ·· 85
   8.3.5 实际离心泵工作轮的液流 ··· 85
   8.3.6 欧拉扬程的漩涡理论 ··· 87
8.4 比转速与工作轮参数选择 ··· 89
   8.4.1 离心泵参数的量纲分析 ·· 89
   8.4.2 特征准则数的应用 ·· 90
   8.4.3 工作轮参数选择 ··· 91
8.5 离心泵的损失与性能曲线 ··· 91
8.6 离心泵中的汽蚀 ··· 94
思考与练习题 ·· 95

第9章 涡轮气动热力学原理 ·· 96
9.1 涡轮结构与燃气流动特征 ··· 96
9.2 涡轮基元级气动热力学 ·· 97
   9.2.1 燃气输出比功方程 ·· 97
   9.2.2 反力度与涡轮级燃气比功及效率关系 ······································ 99
   9.2.3 涡轮基元级中燃气热力参数变化 ··· 101
   9.2.4 燃气流量系数和功率系数 ·· 101

	9.2.5 反力度的径向分布	102
	9.2.6 最佳喷管出口气流切向马赫数	102
9.3	叶片结构强度导论	104
	9.3.1 叶片厚度与气动载荷	104
	9.3.2 环截面单位面积的燃气质量流量与叶片应力	105
	9.3.3 旋转叶片的容许温度限制	106
9.4	涡轮级气动热力学	106
	9.4.1 动叶栅中的损失	107
	9.4.2 叶型损失	107
	9.4.3 叶片表面边界层流动	108
	9.4.4 端壁气体动力学	109
9.5	涡轮性能参数计算	109
	思考与练习题	110

第 10 章 液体喷雾燃烧学 ... 111

- 10.1 概述 ... 111
- 10.2 简化的单个液滴汽化和燃烧模型 ... 112
  - 10.2.1 氧化剂液滴在富燃气氛中汽化和燃烧的解析模型 ... 112
  - 10.2.2 氧化剂液滴在富燃气氛中汽化和燃烧的特征参数量级 ... 116
- 10.3 燃烧室特征长度计算 ... 117
- 10.4 离心式喷嘴流量特性计算模型 ... 119
- 10.5 电火花点燃理论 ... 122
  - 10.5.1 电极放电点燃预混气模型 ... 122
  - 10.5.2 预混气中层流火焰传播模型 ... 123
- 10.6 一些重要的燃烧机理 ... 126
- 思考与练习题 ... 128

第 11 章 不稳定燃烧分析与抑制 ... 129

- 11.1 低频不稳定燃烧 ... 129
- 11.2 高频不稳定燃烧 ... 131
  - 11.2.1 燃气运动方程 ... 132
  - 11.2.2 不稳定的一般条件 ... 133
  - 11.2.3 敏感时滞理论 ... 134
- 11.3 不稳定燃烧的抑制 ... 135
  - 11.3.1 概述 ... 135
  - 11.3.2 声学吸收器的谐振腔模型 ... 135
- 思考与练习题 ... 139

第 12 章　固体推进剂及其燃烧特性 140

12.1　推进剂组分及其热化学性质 140
12.2　固体推进剂的稳态燃烧模型 142
 12.2.1　双基推进剂的燃烧 142
 12.2.2　不含金属的复合推进剂的燃烧 143
 12.2.3　铝粉在固体推进剂中的燃烧 144
12.3　固体推进剂燃速的控制因素 145
 12.3.1　燃烧波的一般描述 145
 12.3.2　燃烧波中的传热机理 146
 12.3.3　固相中的传热 146
 12.3.4　气相中的传热 147
 12.3.5　用简化的气相传热模型计算推进剂燃速 148
 12.3.6　气相中的燃烧速率 149
12.4　燃烧增强现象 150
思考与练习题 151

参考文献 152

第 1 章 火箭飞行力学基础

顾名思义，"火箭发动机原理"这门课程是与火箭相关的。现代意义上的火箭发动机仅是火箭的多个组成部分中的一个，故学习火箭发动机之前宜先认识火箭整体的轮廓。

火箭与飞机是不同的飞行器，描述其间的差别，可以从对"推进"这个术语的解释来切入。

1.1 喷气推进概念

"推进"的含义为何？从一个比较宽泛的意义上讲，推进指对飞行器施加一个机械力的作用，使其运动状态发生改变。进一步考察该力作用于飞行器的效果，可能有三种。

(1) 飞行器之前静止（当然是相对于某一参考系），受到推进作用后运动起来。

(2) 飞行器之前已经在运动，受到推进作用后速度（注意它是矢量）变化。

(3) 推进作用与飞行器正在接触的介质（如大气层内的气体）的阻滞作用互相抵消，使飞行器维持运动状态不变。

从当前中学生能够认识的水平上看，意欲对大气层内或者太空中的飞行器施加一个力的作用，这不是一件能够一目了然地看清途径的事情。但是对于如下描述的效果，仅需依据经典力学的动量定理即可理解：从飞行器上向外抛射物质，飞行器将受到一个反作用力。进一步为获得连续、稳定的反作用力，需以气流的形式向外抛射物质。这就自然地引出了"喷气推进"的概念：通过向外喷射气体使飞行器受到一个反作用力，用以改变飞行器的速度或者克服飞行器受到的阻力。

火箭推进是一种喷气推进，指所喷射的气体全部来源于飞行器自身携带的物质。一般将采用火箭推进的飞行器称为火箭。另一种喷气推进是吸空气式推进，指所喷射的气体的全部或者部分来源于飞行器从大气层吸入的空气。通常所说的喷气式飞机即吸空气式推进的飞机。

至此，可以从一个角度说，火箭发动机是将飞行器自身携带的用于推进的物质转化成向外喷射的高速气流的装置。这些用于推进的物质称为推进剂。

下面仅从质点运动力学的角度探讨火箭速度增量方程的意义。

1.2 火箭速度增量方程

如前所述，火箭发动机因向外喷射气体而产生作用于飞行器的反力，姑且笼统地称飞行器受到一个推力，用 F 表示。向外喷射的气体的速度是以飞行器为参照物来描

述的，用 c 表示。以符号 $\dot{m}$ 表示流出火箭的质量流率，根据动量定理，火箭受到的推力为

$$\boldsymbol{F} = \dot{m}\boldsymbol{c} \tag{1-1}$$

注意，质量流率 $\dot{m}$ 与火箭的外部环境及飞行状态均无关，这是火箭不同于飞机的一个属性。

关于气体喷射的速度 $\boldsymbol{c}$，这里需要补充说明。若细致考虑气体流出飞行器产生的推力，必须计及气体在出口面上对火箭内气体的压力反作用；若该压力反作用小到可忽略的地步，火箭的出口面处气体必然已经极大膨胀，气体分子之间近乎无作用力。如此可将 c 理解为气体等效地以质点系形式离开飞行器的速度，各质点的速度相同。

考虑从地球表面向上竖直（"竖直"指沿着地球重力或者笼统地称为引力的方向）飞行的火箭，用 $\boldsymbol{g}$ 表示重力加速度。对于某一时刻的火箭，其质量表示为 m，速度表示为 $\boldsymbol{u}$，依牛顿第二定律得

$$m\frac{\mathrm{d}\boldsymbol{u}}{\mathrm{d}t} = \boldsymbol{F} - m\boldsymbol{g} \tag{1-2}$$

前面引入的排出气体的质量流率 $\dot{m}$ 与火箭质量 m 的变化率的关系为

$$\dot{m} = -\mathrm{d}m/\mathrm{d}t$$

式(1-2)可变换为

$$\frac{\mathrm{d}\boldsymbol{u}}{\mathrm{d}t} = -\frac{\boldsymbol{c}}{m}\frac{\mathrm{d}m}{\mathrm{d}t} - \boldsymbol{g} \tag{1-3}$$

式(1-3)积分为

$$\boldsymbol{u}(t) - \boldsymbol{u}_0 = -\int_0^t \boldsymbol{c}(h)\frac{\mathrm{d}m}{m} - \int_0^t \boldsymbol{g}(h)\mathrm{d}t \tag{1-4}$$

式中，h 为海拔；$\boldsymbol{g}(h)$ 为海拔 h 处的重力加速度。$\boldsymbol{g}(h)$ 和 $\boldsymbol{c}(h)$ 均为海拔的函数。后面将详述，海拔对实际火箭发动机的等效气体喷射速度是有影响的，是通过大气压强（记为 p_a）显现的。（实际上，大气压强随海拔变化对飞机飞行特性的影响更显著。）

大气压强随海拔变化的关系近似表示为

$$\frac{p_\mathrm{a}(h)}{p_\mathrm{a}(0)} = \mathrm{e}^{-\frac{h}{6.68}} \tag{1-5}$$

式中，h 的取值单位为 km，重力加速度随海拔变化的关系，近似表示为

$$\boldsymbol{g}(h) = \boldsymbol{g}_0 \left(\frac{r_\mathrm{E}}{r_\mathrm{E} + h}\right)^2 \tag{1-6}$$

式中，$g_0 = 9.80665 \mathrm{m/s}^2$ 为地球海平面处的重力加速度；$r_\mathrm{E} = 6374.2 \mathrm{km}$ 为等效的地球半径。若将 $\boldsymbol{g}(h)$ 和 $\boldsymbol{c}(h)$ 均视为常量，则有

$$u(t) - u_0 = -c \ln \frac{m(t)}{m_0} - gt \tag{1-7}$$

式(1-7)为在地球表面低空域、短暂、竖直飞行且忽略了空气阻力的火箭速度增量方程。在宇航领域，更常用的齐奥尔科夫斯基方程是无引力、无阻力空间中火箭直线飞行的速度增量与其质量变化之间的约束关系，表示为

$$\Delta u = u_f - u_0 = c \ln \frac{m_0}{m_f} \tag{1-8}$$

式中，u_f 为对应于质量变化到 m_f 时的飞行速度。式(1-8)表明：速度增量 Δu 与等效的气体喷射速度 c 成正比，且与初-终态质量比(m_0/m_f)的自然对数成正比。可见，初-终态质量比的影响效果因被取对数而削弱。

1.3 运载火箭重力损失和最优加速度

现在分析发射航天器进入低地球轨道(low earth orbit，LEO)的任务。执行上述任务的火箭称为运载火箭。

补充一个假设：气体喷射的质量流率 $\dot{m}$ 为常量。利用式(1-1)，将飞行中火箭质量变化表示为

$$m_0 - m(t) = \dot{m}t = \frac{F}{c}t = \frac{m_0 a_0}{c}t \tag{1-9}$$

式中，a_0 为初始推力加速度，其值等于推力除以火箭初始质量。欲使火箭能离开地面，需要 $a_0 > g$。组合式(1-7)和式(1-9)消去 t，得

$$\frac{u(t) - u_0}{c} = -\ln \frac{m(t)}{m_0} - \frac{g}{a_0}\left[1 - \frac{m(t)}{m_0}\right] \tag{1-10}$$

式(1-10)将终-初态质量比表示为速度增量与气体喷射速度的比值(简称速度增量比)的隐函数，并且以初始的推力加速度 a_0 作为参数。式(1-10)等号的右手侧的第二项常称为重力损失，即对应于相同的火箭初-终态质量比，有重力环境与无重力环境相比少获得的速度增量。当初始推力加速度增大时，要求气体质量流率 $\dot{m}$ 增大，达到相同的初-终态质量比所需要的时间缩短，因而重力损失相应减小，所获得的速度增量变大。

由此引发一个问题：为何不采用非常大的初始推力加速度 a_0 来获取尽可能大的速度增量呢？欲厘清此问题，必须检视加速度对发动机质量的影响。可将火箭的初始质量分解为如下部分：

$$m_0 = m_{stru} + m_{eng} + m_{pay} + m_{prop} \tag{1-11}$$

式中，m_{stru} 为结构质量；m_{eng} 为发动机质量；m_{pay} 为有效载荷质量；m_{prop} 为推进剂质量。记全部推进剂被消耗的时刻为 t_b，此时的质量比为

$$\frac{m(t_b)}{m_0} = \frac{m_0 - m_{\text{prop}}}{m_0} = 1 - \frac{m_{\text{prop}}}{m_0} = 1 - m'_{\text{prop}} \quad (1\text{-}12)$$

式中，m'_{prop} 为推进剂占火箭初始质量的份额。显然，$m(t_b)/m_0$ 越小或者等价地，m'_{prop} 越接近 1，火箭所能达到的速度增量比 $[u(t_b) - u_0]/c$ 越大。然而，速度增量比有上限，这个上限是由最小的终-初态质量比决定的。最小的终-初态质量比为

$$m'(t_b) = \frac{m(t_b)}{m_0} = 1 - m'_{\text{prop}} = m'_{\text{stru}} + m'_{\text{eng}} + m'_{\text{pay}} \quad (1\text{-}13)$$

仅由式(1-13)分析，人们期望在给定有效载荷质量分数前提下，尽力发掘技术潜力，使火箭结构和发动机的质量分数（m'_{stru} 与 m'_{eng}）达到最小值。现在引入 α 表示发动机的重量与其所产生的推力之比：

$$\alpha = \frac{m_{\text{eng}} g}{F} = \frac{m_{\text{eng}}}{m_0 (a_0/g)} = \frac{m'_{\text{eng}}}{n} \quad (1\text{-}14)$$

式中，$n = a_0/g$ 为初始推力加速度与重力加速度之比。现在有

$$m'(t_b) = m'_{\text{pay}} + m'_{\text{stru}} + n\alpha \quad (1\text{-}15)$$

对应于时刻 $t = t_b$，由式(1-10)得

$$\frac{u_b - u_0}{c} = -\ln(m'_{\text{stru}} + m'_{\text{pay}} + \alpha n) - \left(\frac{1 - m'_{\text{pay}} - m'_{\text{stru}}}{n} - \alpha\right) \quad (1\text{-}16)$$

式(1-16)等号右手侧的表达式中，α 为表征技术水平的发动机重量与推力的比例关系的常量；$n = a_0/g$ 为设计可选择的变量。就影响趋势而言，对数项（理想速度增量）随 n 的增大而减小，但同时重力损失项也随 n 的增大而减小。因此，存在对 n 进行选择以获得最大速度增量的机会。式(1-16)等号右手侧的表达式对 n 取导数，并令导数为 0，得

$$-\frac{\alpha}{m'_{\text{stru}} + m'_{\text{pay}} + \alpha n} + \frac{1 - m'_{\text{pay}} - m'_{\text{stru}}}{n^2} = 0 \quad (1\text{-}17)$$

由上述关于变量 n 满足的二次方程，求得最优值为

$$n_{\text{opt}} = \frac{1 - m'_{\text{stru}} - m'_{\text{pay}}}{2} + \sqrt{\left(\frac{1 - m'_{\text{stru}} - m'_{\text{pay}}}{2}\right)^2 + \frac{(m'_{\text{stru}} + m'_{\text{pay}})(1 - m'_{\text{stru}} - m'_{\text{pay}})}{\alpha}} \quad (1\text{-}18)$$

关于火箭结构质量分数与发动机的重量-推力比，在当前技术水平上，合理的估计值为

$$m'_{\text{stru}} \approx 0.1, \quad \alpha \approx 0.02$$

利用上述数值，依式(1-18)，可绘制以有效载荷质量分数 m'_{pay} 为参变量的火箭可达速度增量比随其初始推力加速度与重力加速度比值变化的函数图像，如图 1.1 所示。以有效载荷质量分数 m'_{pay} 为变量，绘制 n_{opt} 与最大的火箭速度增量比之间的函数图像，如图 1.2 所示。

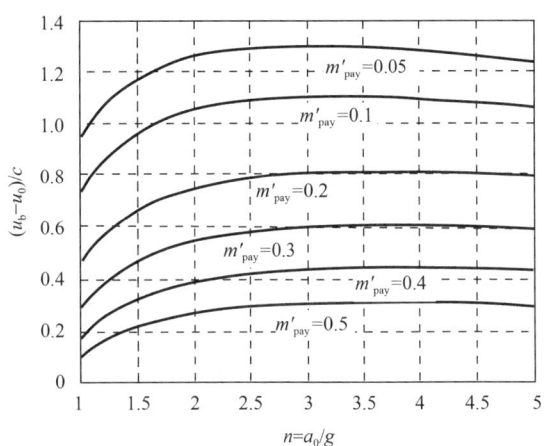

图 1.1　火箭可达速度增量比随初始推力加速度与重力加速度比值的变化

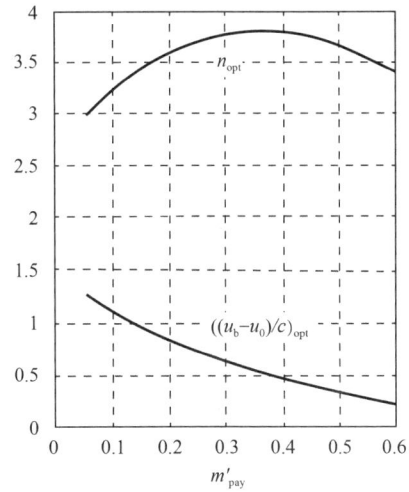

图 1.2　最优的初始推力加速度与重力加速度比和最大速度增量比随有效载荷质量分数的变化

有趣的结果是，n_{opt} 取值范围很小，为 3~4。现实中的速度增量是由任务决定的，例如，发射低地球轨道人造卫星的任务所需速度增量约为 8km/s。图 1.2 所示，若所需要的任务速度增量大于火箭的喷气速度，火箭所能运载的有效载荷质量分数是很小的；或者从另一角度讲，即使有效载荷质量分数趋于 0，所能达到的速度增量比最大状态为 $(u-u_0)/c \approx 1.5$。

上述结论建立在仅仅考虑重力影响的基础上。若考虑更多的因素，如空气阻力，则结果将出现较大差异。因为 $n=a_0/g$ 的大数值意味着在低海拔达到大的飞行速度，这个空域的空气密度大，阻力损失大。

1.4 火箭分级

首先解释"级"的概念。

级是包括推进剂、发动机、装载推进剂的储箱、储箱和发动机的连接件的装置,是具备飞行功能的最小火箭。此处所言,最小火箭指无有效载荷,飞行功能不包含导航、制导与控制功能。级和与其固连飞行的其他部分合称为火箭。火箭的级之外的部分称为火箭的有效载荷。

本节为简化分析,将发动机、装载推进剂的储箱、储箱和发动机的连接件这三部分归并为级的结构,如此级的质量由两部分组成:推进剂和结构。一个发射人造地球卫星的火箭通常包含多个级。按照工作先后次序,将这些级区分为第一级、第二级等。如图 1.3 所示,第二级(初始总质量记为 $(m_i)_2$)和有效载荷(卫星与整流罩的组合体)称为第二级火箭;完整的第二级火箭(总质量记为 $(m_0)_2$)又可以看作第一级(初始总质量记为 $(m_i)_1$)的有效载荷,二者构成第一级火箭(总质量记为 $(m_0)_1$)。

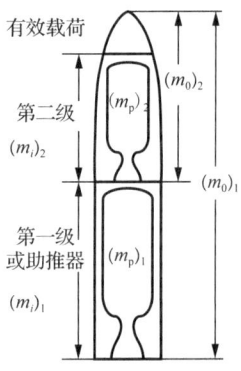

图 1.3 火箭分级示意图

火箭分级的目的在于避免加速空的储箱。为简单起见,考虑一个两级的火箭。第一级和第二级的质量比例是一个需要优化的量:若第一级偏小,第二级的储箱就会较重,它将被加速到最终的速度;若第一级偏大,第一级的重储箱也将被加速很长时间。下面的分析将说明:在火箭两级的气体喷射速度和结构质量分数都相等的条件下,理想的对称分级是使两级各自产生的速度增量相等。这种做法对于一般的情况是一个较好的近似。

以图 1.3 所示火箭为对象,利用忽略重力损失的理想火箭速度增量方程分析各级质量分配问题。将火箭的结构质量分数简记为 $\varepsilon = m'_{\text{stru}}$,对于两级中的任一级,它是一个常量(都是用本级火箭的初始质量去除本级火箭的结构质量所得数值);同时假设两级的气体喷射速度也相等(现实中第一级的气体喷射速度稍小而推力更大)。最终的有效载荷质量为

$$(m_{\text{pay}})_2 = (m'_{\text{pay}})_2 (m_0)_2$$

分别以$(m_b)_1$和$(m_b)_2$表示第一级火箭、第二级火箭耗尽推进剂时的质量,有

$$(m_0)_2 = (m_b)_1 - (m_{stru})_1 = (m_0)_1 \left(e^{-\frac{\Delta u_1}{c}} - \varepsilon \right)$$

$$(m'_{pay})_2 = (m'_b)_2 - (m'_{stru})_2 = (m_0)_2 \left(e^{-\frac{\Delta u_2}{c}} - \varepsilon \right)$$

考虑到火箭的总速度增量 $\Delta u = \Delta u_1 + \Delta u_2$,可将实际的有效载荷质量与第一级火箭总质量之比表示为

$$\frac{(m_{pay})_2}{(m_0)_1} = \frac{(m_{pay})_2}{(m_0)_2} \frac{(m_0)_2}{(m_0)_1} = \left(e^{-\frac{\Delta u_2}{c}} - \varepsilon \right) \left(e^{-\frac{\Delta u_1}{c}} - \varepsilon \right)$$

$$= \left(e^{-\frac{\Delta u_1}{c}} - \varepsilon \right) \left(e^{-\frac{\Delta u - \Delta u_1}{c}} - \varepsilon \right) = e^{-\frac{\Delta u}{c}} - \varepsilon \left(e^{-\frac{\Delta u - \Delta u_1}{c}} + e^{-\frac{\Delta u_1}{c}} \right) + \varepsilon^2$$

由上式容易得到:当$\Delta u_1 = \Delta u - \Delta u_1$,即$\Delta u_1 = \Delta u_2$时,实际的有效载荷质量与第一级火箭总质量之比取得最大值。这个最大值为

$$\left[\frac{(m_{pay})_2}{(m_0)_1} \right]_{opt} = \left(e^{-\frac{\Delta u}{2c}} - \varepsilon \right)^2$$

上述推导过程可拓展至火箭级数大于 2 的情况,但是当各级火箭的结构质量分数或者气体喷射速度不相等时,找出最优条件的过程更复杂。

至此,向读者强调:火箭发动机施予火箭的推力在大气层内仅仅部分地受到大气的影响,在真空中与飞行速度无关。

思考与练习题

1-1 试查阅资料,找出或者计算发射人造地球卫星的某些运载火箭的有效载荷质量与火箭初始总质量之比的数值。

1-2 考虑两枚火箭,一枚是单级火箭,另一枚为两级火箭。两枚火箭的推进剂装载质量相同,总质量相同,推进剂的喷射速度和质量流率也相同。假设两枚火箭都是竖直发射,重力加速度为常量,忽略空气阻力。下述说法,哪个正确?

(1) 两枚火箭将飞到相同的高度。
(2) 单级火箭将飞得更高。
(3) 两级火箭将飞得更高。

第 2 章 火箭发动机性能参数

火箭发动机有两个特别重要的性能参数：一个是比冲，常用符号 I_{sp} 表示；另一个是效率，常用符号 η 表示。前者表征喷射推进剂产生冲量的物质使用效益，在国际单位制中的单位是 $\mathrm{N \cdot s / kg}$；后者表征将推进剂释放的化学键能转化为推进功的能量转化效率，是无量纲量。

本章将应用动量定理导出火箭发动机推力的表达式，揭示推力产生的力学原理，使读者更深刻理解上述术语的含义与使用方法。火箭推进分析中应用的动量定理与流体力学中的一样。

2.1 动量定理的回顾

2.1.1 动量定理应用于固定质量的系统

对于具有固定总质量并且包含流体成分的系统，以符号 Ω 表示其占据的空域，则其边界（空域 Ω 的边界）可以是随流体运动而变形的。以符号 M 表示系统的物质集合，系统的总质量可表示为

$$m = \int_M \delta M = \int_\Omega \rho \delta \Omega = \text{const}$$

式中，δM 为无限小的质量微元。

在火箭的喷气推进分析中，通常区分火箭箭体的运动和相对于箭体的运动，故考虑两个坐标系：惯性系和固连于火箭箭体的坐标系。

将火箭箭体视为刚体，其相对于惯性系的运动速度（矢量）以 $\boldsymbol{u}_0$ 表示；推进剂相对于固连于火箭箭体的坐标系的速度以 $\boldsymbol{u}$ 表示。对于某一具有固定质量的系统 M，其所受合外力（以符号 $\boldsymbol{F}$ 表示）与系统中全部物质的动量变化率关联为

$$\boldsymbol{F} = \int_M \frac{\mathrm{d}(\boldsymbol{u}_0 + \boldsymbol{u})}{\mathrm{d}t} \delta M = \int_M \frac{\mathrm{d}\boldsymbol{u}_0}{\mathrm{d}t} \delta M + \int_M \frac{\mathrm{d}\boldsymbol{u}}{\mathrm{d}t} \delta M \tag{2-1}$$

将火箭箭体的加速度记为 $\boldsymbol{a}_0 = \mathrm{d}\boldsymbol{u}_0 / \mathrm{d}t$，该量对于系统中任一质量微元 δM 是相同的，故可将式(2-1)改写为

$$\boldsymbol{F} = m\boldsymbol{a}_0 + \int_M \frac{\mathrm{d}\boldsymbol{u}}{\mathrm{d}t} \delta M$$

上式等号左手侧的合外力包括通过系统所占据空域的表面施加的压力、剪切力或者面摩

擦力，以及彻体力；右手侧的第一项是相对于惯性系的惯性效应，第二项是相对于固连于火箭箭体坐标系的惯性效应。

2.1.2 动量定理应用于几何形状固定的控制体

对于包含火箭箭体的几何形状固定的控制体，仍以符号 Ω 表示其占据的空域。对运动的控制体运用动量定理，必须针对某一瞬间的固定系统的、相对于惯性系的动量。动量定理要求的关系式表示为

$$F = \frac{\mathrm{d}}{\mathrm{d}t}\left[\int_{\Omega}(u_0 + u)\rho\delta\Omega\right] \tag{2-2}$$

式中，F 为作用在固定空域的合外力；等号右手侧的积分项为固定空域积分，$\delta\Omega$ 为固定控制体中无限小的空间微元。微分算子不能直接移入积分算子内，这是因为当控制体的几何形状不变化时，其边界上可能发生动量流的穿越运动。

根据雷诺(Reynold)输运定理，对于几何形状固定的控制体 Ω，记其封闭的外表面为 S，则附着于该控制体的物质上的量 $(u_0 + u)\rho$ 在控制体中的空域积分对时间的变化率为

$$\frac{\mathrm{d}}{\mathrm{d}t}\left(\int_{\Omega}(u_0 + u)\rho\delta\Omega\right) = \int_{\Omega}\frac{\partial[\rho(u_0 + u)]}{\partial t}\delta\Omega + \oint_{S}\rho(u_0 + u)u \cdot n\delta S \tag{2-3}$$

式中，等号右手侧的第二项表征穿过表面流出控制体的物质流(仅以体积流率表征，其单位是 $m^3 \cdot s^{-1}$)对量 $(u_0 + u)\rho$ 在该控制体中的空域积分相对于时间的变化率的贡献项，这种由物质流携带的量只与相对流速 u 有关，而与绝对流速 $(u_0 + u)$ 无关；δS 为无限小的外表面元；n 为面元 δS 处的单位外法线矢量；$\rho u \cdot n \delta S$ 为在某瞬间面元上流体以相对流速 u 穿过所导致的质量流率。

式(2-3)中等号右手侧的第一项是局限于控制体所占据的固定不变的空域内的动量对时间的变化率的总和(积分)，可以拆分表示为

$$\int_{\Omega}\frac{\partial[\rho(u_0 + u)]}{\partial t}\delta\Omega = \left(\int_{\Omega}\rho\delta\Omega\right)\frac{\partial u_0}{\partial t} + u_0\frac{\partial}{\partial t}\left(\int_{\Omega}\rho\delta\Omega\right) + \int_{\Omega}\frac{\partial(\rho u)}{\partial t}\delta\Omega \tag{2-4}$$

对于任何有限质量、有限寿命的火箭，式(2-4)等号右手侧的第三项都不为零；但对于稳定工作的火箭，认为它是一个可以忽略的小量(与火箭箭体固连的控制体内的密度场、速度场相对于箭体坐标系无变化)。据此将式(2-2)改写为

$$F - \frac{\partial}{\partial t}(mu_0) = \oint_{S}\rho(u_0 + u)u \cdot n\delta S \tag{2-5}$$

注意，上述表达式是矢量式；其 x 方向的分量为

$$F_x - \frac{\partial}{\partial t}(mu_{0x}) = \oint_{S}\rho(u_{0x} + u_x)u \cdot n\delta S \tag{2-6}$$

式(2-6)是本课程中经常使用的形式。

如图 2.1 所示状态,运用动量定理给出穿过界面 A 的动量流的 y 方向分量表示式,结果是 $-\rho u^2 A \sin\theta\cos\theta$。其负号表示动量流的方向与界面外法线的正方向相反。

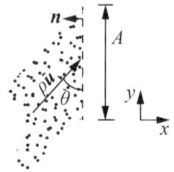

图 2.1　积分动量方程的应用例题图

2.2　火箭的推力

2.2.1　火箭静态推力

如图 2.2 所示,火箭是轴对称体,对称轴与坐标系的 x 轴平行。火箭内的燃气状态是稳定不变的,作用于火箭的外力 T 使之与地面相对静止。作如图中虚线表示的固连于火箭箭体的控制体,所受合外力为

$$F_x = T + A_e(p_a - p_e)$$

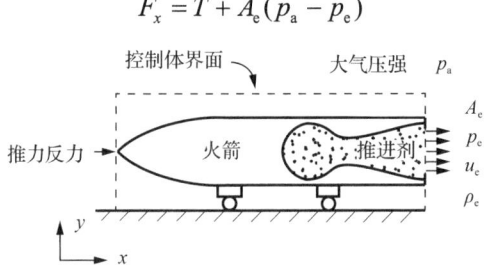

图 2.2　应用于相对地面静止火箭的控制体

控制体的表面上除 A_e 以外,其他位置都满足 $\boldsymbol{u}\cdot\boldsymbol{n}=0$,从而动量的净流出率为

$$\oint_S \rho(u_{0x}+u_x)\boldsymbol{u}\cdot\boldsymbol{n}\delta S = u_e\rho_e u_e A_e = \dot{m}u_e$$

式中,$\dot{m}=\rho_e u_e A_e$ 记为推进剂流出火箭的质量流率。此例中 $u_{0x}=0$,依据式(2-6)整理得

$$T = \dot{m}u_e + A_e(p_e - p_a) \tag{2-7}$$

T 的幅值与施加在火箭上的喷气反作用力相等,即火箭发动机的静态推力公式。

提示:气体喷射反作用力等于在与气体接触的表面上的压力的合力。请读者思考并试证明之。

2.2.2　飞行中火箭的推力

现在考虑飞行在无引力、无接触阻力($p_a=0$)环境中的火箭推力。

如图 2.3 所示，构造一个固连于火箭的控制体，其界面见图中虚线。某一瞬间，火箭相对于惯性系的飞行速度记为 $u(t)$，喷射的推进剂离开火箭的相对速度记为 $c(t)$，与式(2-5)中各项对应如下：

$$\boldsymbol{F} \quad -\frac{\partial}{\partial t}(m\boldsymbol{u}_0) = \oint_S \rho(\boldsymbol{u}_0+\boldsymbol{u})\boldsymbol{u}\cdot\boldsymbol{n}\delta S$$

$$\downarrow \qquad\qquad \downarrow \qquad\qquad\qquad \downarrow$$

$$p_e A_e - \frac{\partial}{\partial t}(mu) \quad = \quad \rho_e(u-c)\;(cA_e)$$

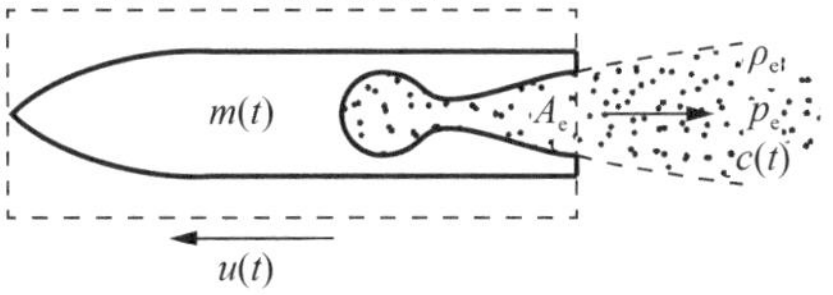

图 2.3 对飞行中火箭应用积分动量定理的示意图

火箭推进领域里约定如下符号定义：

$$\dot{m} = -\frac{\partial m}{\partial t} = \rho_e c A_e$$

运用上述关系，将火箭动量变化方程整理为

$$\frac{\partial}{\partial t}(mu) = p_e A_e + \frac{\partial m}{\partial t}(u-c) = p_e A_e + u\frac{\partial m}{\partial t} + \dot{m}c$$

$$\rightarrow \quad m\frac{\partial u}{\partial t} = p_e A_e + \dot{m}c$$

由此，火箭推进领域约定飞行中火箭受到的喷气反作用力即推力为

$$T = m\frac{\partial u}{\partial t} = p_e A_e + \dot{m}c \tag{2-8}$$

或者，换一个角度，对由火箭和被排出火箭的全部物质组成的系统运用动量定理，如图 2.4 所示。在某一时间微元 $\mathrm{d}\tau$ 内，排出的气体的质量为 $\delta m = \dot{m}(\tau)\mathrm{d}\tau$，其携带的动量为 $\dot{m}(\tau)[u(\tau)-c(\tau)]\mathrm{d}\tau$；同时在与火箭飞行相反的方向上，被排出的气团受到气体压力作用而获得的冲量为 $p_e A_e \mathrm{d}\tau$。故被排出的气体系统中累积的动量为

$$-\int_0^t p_e A_e \mathrm{d}\tau + \int_0^t \dot{m}(\tau)[u(\tau)-c(\tau)]\mathrm{d}\tau$$

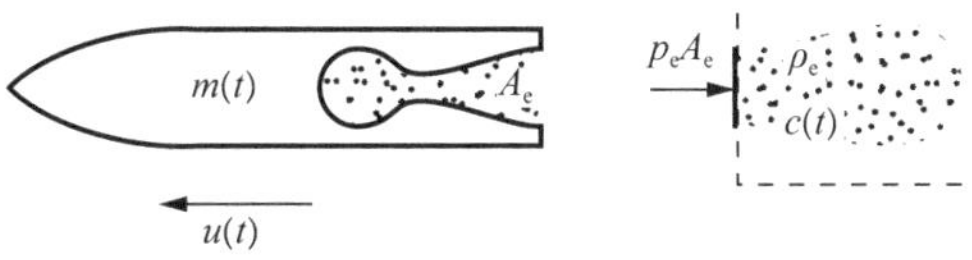

图 2.4 对质量守恒系统运用动量定理的示意图

在任何时刻 t，火箭和被排出火箭的全部物质组成的系统的总动量是恒定的，表示为

$$m(t)u(t) - \int_0^t p_e A_e \mathrm{d}\tau + \int_0^t \dot{m}(\tau)[u(\tau) - c(\tau)]\mathrm{d}\tau = \mathrm{const} \tag{2-9}$$

根据动量定理，总的恒定动量的时间变化率为零，对式(2-9)等号两侧求导数，给出与式(2-8)相同的结果。

2.3 比 冲 量

在无引力、无接触阻力的环境中，从静止状态开始加速运动的火箭通过喷气推进作用获得的动量(用符号 I 表示)取决于其排出的物质的总动量。根据式(2-9)，可将火箭的动量表示为

$$I = m(t)u(t) = \int_0^t p_e A_e \mathrm{d}\tau + \int_0^t \dot{m}(\tau)[c(\tau) - u(\tau)]\mathrm{d}\tau \tag{2-10}$$

现在引入火箭推进中很重要的性能参数——比冲量(一般简称为比冲)，其平均值的计算式为

$$I_{sp} = \frac{I}{\int_0^t \dot{m}(\tau)\mathrm{d}\tau} \tag{2-11}$$

根据式(2-11)，比冲的单位为 $\mathrm{N \cdot s / kg}$ 或者 $\mathrm{m/s}$。由式(2-10)可推导出火箭动量对时间的变化率为

$$\frac{\mathrm{d}I}{\mathrm{d}t} = p_e A_e + \dot{m}(c - u)$$

假设 c、$\dot{m}$、p_e 均为常量，则当飞行速度较大时，火箭动量增大的时间变化率反而较小，这种关系表示为

$$u \nearrow c \quad \Rightarrow \quad \frac{\mathrm{d}I}{\mathrm{d}t} \searrow p_e A_e$$

这意味着使用推进剂产生冲量的效率是随着飞行速度的增大而减小的。现在引入等效排气速度，用符号 c_{eff} 表示。用 $\mathrm{d}u/\mathrm{d}t$ 表示固连于火箭箭体的控制体的飞行加速度，并依据推力方程将等效排气速度定义为

$$c_{\mathrm{eff}} = \frac{T}{\dot{m}} = c + \frac{p_e A_e}{\dot{m}}$$

因此，在假设 c、$\dot{m}$、p_e 均为常量的前提下，c_{eff} 也是一个常量，并且

$$\mathrm{d}u = -c_{\mathrm{eff}}\frac{\mathrm{d}m}{m} \quad \rightarrow \quad u = c_{\mathrm{eff}}\ln\frac{m_0}{m}$$

这时平均比冲可以表示为

$$I_{sp} = \frac{mu}{\dot{m}t} = \frac{mc_{\mathrm{eff}}\ln(m_0/m)}{\dot{m}t} = c_{\mathrm{eff}}\frac{m_0 - \dot{m}t}{\dot{m}t}\ln\left(\frac{m_0}{m_0 - \dot{m}t}\right) \tag{2-12}$$

根据式(2-12)，比冲在时刻 $t=0$ 的值由洛必达法则确定为
$$I_{sp}(t=0) = I_{sp,max} = c_{eff}$$

对于火箭发动机，比冲数值越大则表示其性能越佳。对于理想的无限膨胀情形，平均比冲的最大值等于推进剂离开火箭的相对速度，即 $I_{sp,max} = c$。

2.4 火箭推进的能量效率

上述讨论中，火箭和排出的推进剂均具有动能，排出的气体还有内能。上述形式的能量均来源于推进剂释放的化学键能，或者从外界输入的其他形式的能量(如核热能、太阳光热能、电热能)。术语"能量效率"提供了理解火箭中能量转化和守恒的一条途径，关注的焦点是：在火箭获得巨大飞行速度的过程中，能量如何从一种形式转化到另一种形式，且数量上呈现的关系是什么。

首先声明：效率的定义并非唯一、固定；效率的定义取决于需要评价的损失类型，只要自洽，任何效率集合都可以达到损失评价的目的。

2.4.1 理想热火箭推进的能量平衡

考虑由燃烧器提供能量的火箭。假设化学键能转化为动能和内能，其间无辐射损失亦无轴功输出，c、$\dot{m}$、p_e 均为常量。

在任一瞬间，火箭仅具有动能 $mu^2/2$；被排出的气体系统具有动能、内能，并在时间段 $[0,t]$ 内有流动功累积，这种流动功是由于质量微元 $\delta m = \dot{m}d\tau$ 被作用力 $p_e A_e$ 推挤进入被排出气体的系统造成的。到时刻 t，被排出气体的系统的总能量表示为

$$-\int_0^t p_e A_e [u(\tau) - c(\tau)]d\tau + \int_0^t \dot{m}(\tau)\left\{\frac{1}{2}[u(\tau) - c(\tau)]^2 + c_v T_e\right\}d\tau$$

式中，T_e 为喷射口处气体的温度；c_v 为比定容热容。这些参数都是常量。火箭和被排出气体的系统的总能量的时间变化率为

$$\frac{dE}{dt} = \frac{d}{dt}\left(\frac{1}{2}mu^2\right) - p_e A_e (u-c) + \dot{m}\left[\frac{1}{2}(u-c)^2 + c_v T_e\right]$$

利用飞行中火箭推力公式的定义，可将上式整理为

$$\frac{dE}{dt} = p_e A_e c + \frac{1}{2}\dot{m}c^2 + \dot{m}c_v T_e = \frac{1}{2}\dot{m}c^2 + \dot{m}h_e \tag{2-13}$$

式中，$h_e = c_v T_e + p_e/\rho_e$ 为喷射口处气体的比焓。式(2-13)表明，火箭和其排出的全部气体组成的系统的能量增加率(对时间变化率)是常量。其实，这是稳态的化学键能释放的自然结果，因为如前所述，c、$\dot{m}$、p_e、T_e、c_v 均为常量。当排出的气体达到理想的无限膨胀情形时，$T_e = 0$，$p_e = 0$，$h_e = 0$。$\dot{m}c^2/2$ 称为喷气动能流率，它是火箭和其排出的全部气体组成的系统的总动能(非总能量)的时间变化率。试自行推导之。

2.4.2 推进效率

火箭在任一时刻的推进效率定义为

$$\eta_{\text{prop}} = \frac{P_{\text{prop}}}{\frac{1}{2}\dot{m}c^2 + \frac{1}{2}\dot{m}u^2} \tag{2-14}$$

式中，P_{prop} 为推进功率，其用火箭的推力及其飞行速度定义为

$$P_{\text{prop}} = Tu = (p_e A_e + \dot{m}c)u$$

考虑时间微元 $\mathrm{d}t$ 内的能量转化情况。$\dot{m}\mathrm{d}t$ 是被排出的气体微元的质量，$(\dot{m}\mathrm{d}t)u^2/2$ 是其作为推进剂未燃烧时已经具有的动能，此动能具有转移给火箭的潜力（但不是100%实现）。当仍然认为排出的气体达到理想的无限膨胀情形时，推进效率的表达式变换为

$$\eta_{\text{prop}} = \frac{\dot{m}cu}{\frac{1}{2}\dot{m}c^2 + \frac{1}{2}\dot{m}u^2} = \frac{2u/c}{1+(u/c)^2} \tag{2-15}$$

将 u/c 视为自变量，对 η_{prop} 求导数，可确定推进效率的最佳值及条件为

$$\eta_{\text{prop-opt}} = 1 \quad \Rightarrow \quad u = c$$

2.4.3 燃烧效率和内效率

对于化学能火箭，单位质量推进剂的最大可利用能量是其燃烧热（此处表述是模糊的，热力计算部分将给出明确定义），记为 h_r。燃烧效率（记为 η_{comb}）是实际产生的燃烧热与其理想值之比，它是表征源头上能量释放完善程度的量。现代化学火箭发动机的 η_{comb} 已经达到很高数值（94%～99%）。

火箭推进系统的内效率（记为 η_{int}）指示将实际释放到发动机内的热能（在本书中含义等同于内能）转化为火箭及其排出的气团的总动能的有效性。根据前面对能量平衡的分析，内效率的定义式可写为

$$\eta_{\text{int}} = \frac{\frac{1}{2}\dot{m}c^2}{\eta_{\text{comb}}\dot{m}h_r} \tag{2-16}$$

根据热能转化到火箭及其排出的气团中的最终形式，可将内效率的定义式写为

$$\eta_{\text{int}} = \frac{\frac{1}{2}\dot{m}c^2}{\eta_{\text{comb}}\dot{m}h_r} = \frac{\frac{1}{2}\dot{m}c^2}{\frac{1}{2}\dot{m}c^2 + \dot{m}h_e} = \frac{1}{1+(\sqrt{2h_e}/c)^2}$$

当仍然认为排出的气体达到理想的无限膨胀情形时，$\eta_{\text{int}} = 1$。

2.4.4 实际热火箭推进的能量损失

实际热火箭发动机的能量平衡大致如图2.5所示。

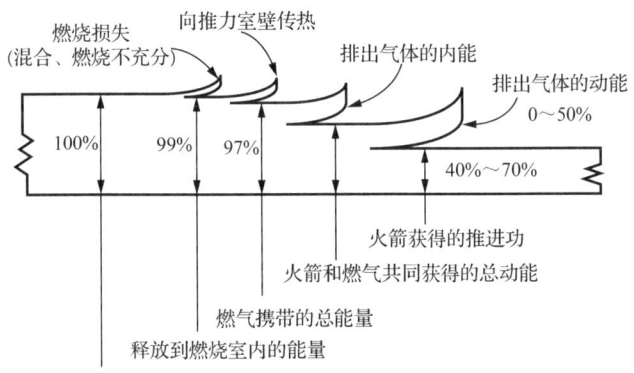

图 2.5 实际热火箭发动机的能量平衡示意图

对于实际的火箭发动机，除上述提及的排出气体的焓与动能未被利用之外，还存在其他因素，使得推进剂中蕴含的化学键能未能全部转化为火箭的动能。这样的因素包括不完全燃烧、向与气体接触的火箭发动机结构的传热、在喷管出口处气体没有达到相应压强下的化学平衡，等等。

最后应该向读者指出，能量和效率分析仅是理解化学能火箭推进中能量平衡的一种手段，而不是一个评价指标。依据火箭速度增量方程，比冲才是评价化学能火箭推进性能最重要的参数。在电火箭推进性能评价中，能量效率才是一个很重要的指标。

思考与练习题

2-1 如果将火箭向外喷射气体改为以固定的相对速度连续抛射质量块，试运用动量定理，导出此情形下火箭推力的表达式，并将其与式(2-8)应用于真空环境的形式相比较，从物理概念上分析两者的差别。

2-2 推导火箭推力公式时作的假设。分析简化假设对推力估计精度的影响。

2-3 火箭排出气体的反作用力等于在与气体接触的火箭表面上的压力的合力。请参照图2.3，以图中固连于火箭的控制体内的气体占据的空域为新的控制体，假设此控制体内的气体流动和热力状态都维持不变，推进剂进入此控制体带进的动量大小可以忽略。对此控制体运用动量定理分析受力，证明前述论断。

第 3 章　热火箭喷管模型

尽管概念简单，但是火箭发动机是结构上非常复杂的装置，设计并制造出一台成功的火箭发动机的技术难度和费用都很大。时至今日，那种试图纯粹通过试错的方式研制一台新火箭发动机的想法不可行了。因此，尽可能地精确描述那些限制性能的现象就成为至关重要的研究目标。

本章讨论热火箭喷管内流动的等熵流模型，简单介绍确定喷管扩张段构型的思路。

3.1　热火箭发动机现象学初步概念

以液体火箭发动机为代表，主要的限制性能的现象被概括在图 3.1 中，涉及泵压供给系统中的流体动力学、非常复杂的燃烧，以及除了从外太空再入大气层之外再没有其他场合能够经历的高传热率现象。

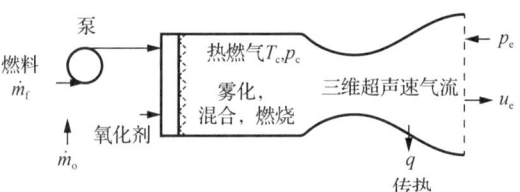

图 3.1　液体火箭发动机的现象学表示

为使复杂系统成为能够认识和驾驭的对象，在建立模型时要针对主要部组件和现象，突出主要因素，同时忽略其他次要因素。描述液体火箭发动机的主要模型有：①涡轮泵；②喷注器；③燃烧；④喷管内流动；⑤传热；⑥燃烧室和喷管的结构。

3.2　喷管流动的燃气初始状态

本节聚焦于喷管内流动，故将燃烧室视为一个产生燃气的点源，其输出的燃气具有确知的成分及比例(用集合 $\{y_i\}$ 表示，y_i 的数值表示份额，下标 i 表示成分)、滞止温度(记为 T_c)以及滞止压强(记为 p_c)。

在热力学中已经有一个非常简单的模型，给出气体通过喷管的出口喷射速度。假设气体膨胀到压强和温度均为零的状态，由能量守恒定律给出

$$c = \sqrt{2 c_p T_c} = \sqrt{\frac{2\gamma}{\gamma-1} R T_c} \tag{3-1}$$

式中，c 为排气速度。排气速度与排出气体的质量流率的乘积等于推力。现在，意欲探求产生高速气流的气动热力学细节，以及对气体本身属性更精确的表示。

实际上，燃气是一个笼统的称呼。从复合推进剂固体火箭发动机燃烧室流出的物质不全是气体，其中包含沸点远高于推进剂燃烧温度的金属氧化物，如 Al_2O_3。此外，燃烧产物中的某些成分在喷管内可能复合成较复杂的分子，如 $2H+O \longrightarrow H_2O$。因此，推进剂的燃烧产物在喷管内的流动可能是同时有气相和凝聚相的两相流；即使是纯气相流，其成分与流动参数也是呈(空间上)三维分布的。

先考虑燃烧产物为纯气相的燃气。它是包含多种气体成分的混合物，其组成可用摩尔分数来表示，也可用质量分数表示。例如，第 i 种成分的摩尔分数为 y_i，或者第 i 种成分的质量分数为 x_i。示例如下：火箭发动机推进剂是两种气体，H_2 和 O_2，其物质的量之比为 $H_2 : O_2 = 3:1$，结果生成 H_2O 和 H_2 的混合物。燃烧前后的成分表示为

$$3H_2 + O_2 \Longrightarrow 2H_2O + H_2$$

就质量分数而言，两种元素的质量比为 $O/H = 32/(3 \times 2) \approx 5.3$。燃气中两种成分的摩尔分数及质量分数对比如表 3.1 所示。

表3.1 燃气中两种成分的摩尔分数及质量分数

分数	H_2O	H_2
x	18/19	1/19
y	2/3	1/3

给定成分，可以计算燃气混合物的属性参数，如比热容、气体常数(一般用 R 表示)以及比热容比(简称比热比，记为 γ)。

需要描述的喷管燃气流动的重要气动热力学、热化学和传热学现象包括：①喷管几何形状影响流动的效应；②流动中伴随化学反应的效应；③从气流向喷管壁的传热。

3.3 喷管流动模型的类别

喷管设计的目标一般是在给定质量流率下使高温燃气膨胀产生最大推力。除给定质量流率外，另一个给定的条件是燃烧室内压强为常量，保证燃烧所需要的力学条件。

影响喷管形状与其内部流动之间耦合的因素可以分成两大类：一类与气体动力学有关；另一类与气体的属性(主要是成分、热物性及其变化方式)有关。取决于对上述因素的效应建模的精确度要求，反映同一现象的不同模型的复杂度可以有巨大差别。如图3.2 所示，不同模型位于气体动力学和气体属性这两个坐标轴张成的面内的不同位置；从坐标轴的原点向轴伸展的方向移动，对应的模型越来越趋近真实的流动过程，但同时也越来越复杂。

沿着气体动力学轴，离原点最近的是通道流模型，它最简单；离原点最远的是跨声

速三维流动模型,它最精细、最复杂。沿着气体属性轴,离原点最近的是热力与热值均完全的气体模型(常被混淆为理想气体);离原点最远的是包含有限速率化学反应的不平衡粒子体系模型,这是气体在喷管的超声速区表现最显著的属性。

细致的顶级水平模拟需要采用计算流体力学(computational fluid dynamics,CFD)和计算燃烧学(computational combustion dynamics,CCD)的手段。

组合气体动力学与气体属性两方面因素,最简单的模型(模型 1)如式(3-1)所示,从喷管排出气体的动能等于气体在燃烧室内的总焓。将喷管形状与其内部流动之间耦合的讨论限制在模型 2 的层次。更复杂现象的含义将在模型 3 和模型 5 中讨论。模型 5 考虑了化学反应效应;模型 3 则考虑了喷管型面母线的效应,而不仅仅是截面积的改变。模型 4 反映固体推进剂火箭发动机的特殊的热力学和流体力学现象。

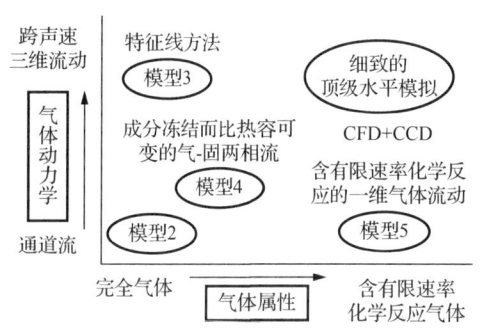

图 3.2 热喷管流动的模型体系

3.4 完全气体通道流动的质量流量

通道流模型(常不确切地称为一维流模型)中,全部的流体限制在单一的流管内,沿着流管轴线(可以是曲线),质量流量恒定。流管的任一横截面上,气体的状态参数几乎相同。流管壁面与轴线的夹角很小,与顺着轴线的速度分量(记为 u)相比,垂直于轴线的速度分量(记为 v)小到可以忽略。

若将流管的截面积记为 A,质量流量恒定的条件表示为

$$\dot{m} = \rho u A = \text{const} \tag{3-2}$$

沿着流管,流体与管壁绝热且无其他形式的能量散失,能量守恒的条件表示为

$$h + \frac{u^2}{2} = h_c \qquad \left(\frac{v^2}{u^2} \ll 1\right) \tag{3-3}$$

式中,h_c 为滞止焓。传统上约定,流体在燃烧室中的宏观速度极小的状态等同于滞止状态。对于量热完全气体,比热容是与温度无关的常量,式(3-3)改写为

$$c_p T + \frac{u^2}{2} = c_p T_c \tag{3-4}$$

式(3-4)建立了流体的热力学属性——温度与流动速度之间的联系。普遍而言,这是依赖于流体的熵沿流动路径的变化规律的关系式。最简单的熵变模型是流动等熵(既绝热又可逆),流体在离开燃烧室后的任一位置上,其熵保持为燃烧室内的数值。

对于量热完全气体的等熵变化过程 $(T_c, p_c) \to (T, p)$，有

$$s - s_c = \int_{T_c}^{T} c_p \frac{\mathrm{d}T}{T} - \int_{p_c}^{p} \left[\frac{\partial(1/\rho)}{\partial T}\right]_p \mathrm{d}p = c_p \ln\frac{T}{T_c} - R\ln\frac{p}{p_c} = 0$$

由上式可以导出

$$\frac{T}{T_c} = \left(\frac{p}{p_c}\right)^{\frac{R}{c_p}} = \left(\frac{p}{p_c}\right)^{\frac{\gamma-1}{\gamma}} \tag{3-5}$$

式(3-5)中的符号关系为

$$\gamma = c_p/c_v, \qquad R = c_p - c_v$$

忆及热力学(或者气体动力学)课程中给出的当地马赫数定义为

$$Ma = \frac{u}{a} = \frac{u}{\sqrt{\gamma RT}} \tag{3-6}$$

现在意欲由式(3-4)～式(3-6)导出通道任意截面积 A 处的马赫数与质量流量密度 $(\dot{m}/A)$ 的关系式。首先，将式(3-4)变形为

$$\frac{T_c}{T} = 1 + \frac{u^2}{2c_pT} = 1 + \frac{u^2}{2\frac{\gamma}{\gamma-1}RT} = 1 + \frac{\gamma-1}{2}Ma^2 \tag{3-7}$$

其次，由式(3-5)及式(3-7)给出

$$\frac{p_c}{p} = \left(\frac{T_c}{T}\right)^{\frac{\gamma}{\gamma-1}} = \left(1 + \frac{\gamma-1}{2}Ma^2\right)^{\frac{\gamma}{\gamma-1}} \tag{3-8}$$

利用上述关系式，可将管道截面的质量流量表示为

$$\dot{m} = \rho u A = \frac{p}{RT}uA = \frac{p}{p_c}\frac{T_c}{T}\frac{p_c}{RT_c}Ma\sqrt{\gamma RT_c}\sqrt{\frac{T}{T_c}}A$$

$$= \frac{Ap_c}{\sqrt{RT_c}}\left(1 + \frac{\gamma-1}{2}Ma^2\right)^{\frac{\gamma}{\gamma-1}+\frac{1}{2}} Ma\sqrt{\gamma}$$

而质量流量密度 $(\dot{m}/A)$ 表示为

$$\frac{\dot{m}}{A} = \rho u = \frac{p_c}{\sqrt{RT_c}} \frac{Ma\sqrt{\gamma}}{\left(1 + \frac{\gamma-1}{2}Ma^2\right)^{\frac{\gamma+1}{2(\gamma-1)}}} \tag{3-9}$$

对于给定的(保持为常量) p_c 和 T_c，式(3-9)表示了单位截面积上的质量流量随当地流动马赫数变化的关系；而由于质量流量是常量，式(3-9)也能给出马赫数 Ma 随截面积

A 变化的关系。式(3-9)还表明：给定截面积或者等价地给定马赫数，单位截面积上的质量流量 ρu 正比于滞止压强而反比于滞止温度的平方根。

$Ma=1$ 的截面称为临界截面或者壅塞截面，其上的单位面积质量流量是特殊量，记为 $(\rho u)^*$，其表达式为

$$(\rho u)^* = \frac{p_c}{\sqrt{RT_c}}\sqrt{\gamma}\left(\frac{2}{\gamma+1}\right)^{\frac{\gamma+1}{2(\gamma-1)}}$$

其他任意截面上的单位面积质量流量与上述特殊量之比值也等于临界截面积(记为 A^*)与该截面积之比，是其他任意截面上的马赫数的函数，表示为

$$\frac{\rho u}{(\rho u)^*} = \frac{A^*}{A} = Ma\left(\frac{\dfrac{\gamma+1}{2}}{1+\dfrac{\gamma-1}{2}Ma^2}\right)^{\frac{\gamma+1}{2(\gamma-1)}} \tag{3-10}$$

式(3-10)所表示函数的图像如图 3.3 所示。

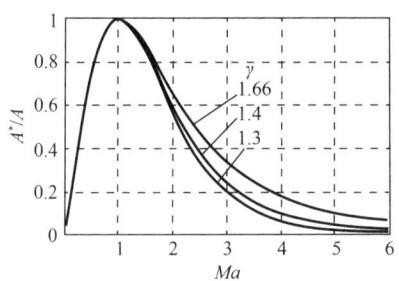

图 3.3 喷管截面积比随流动马赫数的变化

对照图 3.3，最重要的特征如下。

(1) 在 $Ma=1$ 的截面上，单位面积的质量流量最大。

(2) 当 $Ma<1$ 时，ρu 随马赫数增大而增大；对应地，马赫数随截面积减小而增大(实际上流动速度 u 亦如此般变化)。

(3) 当 $Ma>1$ 时，ρu 随马赫数增大而减小；对应地，马赫数随截面积增大而增大(实际上流动速度 u 亦如此般变化)。

根据式(3-8)，压强是随马赫数增大而单调减小的；根据式(3-4)，流速增大伴随温度降低，故温度的变化与压强同步，如图 3.4 所示。因此，欲使气流的马赫数从远小于 1 到大于 1，必须使其流过先收缩再扩张的喷管(拉瓦尔喷管)，并且在最小的截面上达到 $Ma=1$。此最小截面称为喉部。对于给定的喷管入口(燃烧室的)压强 p_c 和温度 T_c，喉部面积决定气体质量流量。

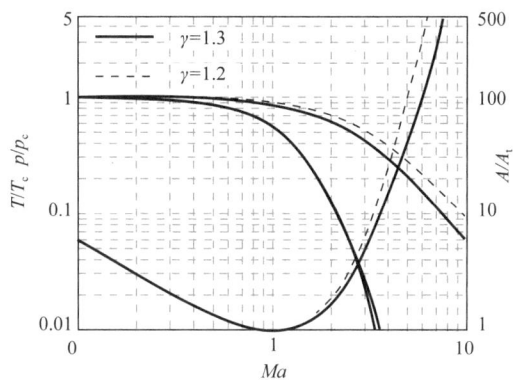

图 3.4 喷管中压强比、温度比、面积比随马赫数的变化

A_t 为喷管喉部面积

如对某典型火箭发动机的喷管入口燃气物性数据,临界截面的质量流量密度计算为

$p_c = 100\text{atm} = 1.01325 \times 10^7 \text{N/m}^2$

$T_c = 3000\text{K}$

$\gamma = 1.24$

$R = \dfrac{8.314\text{J/(mol·K)}}{12.67\text{g/mol}} = 656.2\text{J/(kg·K)}$

$(\rho u)^* = \dfrac{p_c}{\sqrt{RT_c}}\sqrt{\gamma}\left(\dfrac{2}{\gamma+1}\right)^{\frac{\gamma+1}{2(\gamma-1)}} = \dfrac{1.01325 \times 10^7}{\sqrt{656.2 \times 3000}} \times \sqrt{1.24} \times \left(\dfrac{2}{1+1.24}\right)^{\frac{1.24+1}{2\times(1.24-1)}}$

$= 4.738 \times 10^3 (\text{kg/m}^2)$

约定将喷管喉部面积记为 A_t。若该处 $Ma=1$,由式(3-9)可得

$$\dfrac{\dot{m}}{p_c A_t} = \sqrt{\dfrac{\gamma}{RT_c}}\left(\dfrac{2}{\gamma+1}\right)^{\frac{\gamma+1}{2(\gamma-1)}}$$

前文给出了记号 A^*,用以标记流动 $Ma=1$ 的截面;以后会讨论,喷管喉部并非必然达到 $Ma=1$ 的状态。无论是否达到 $Ma=1$ 的状态,喉部面积总是表示为 A_t。

讨论至此,给出一个超出量热完全气体模型而仍有效的论断:喷管的最小截面积决定着质量流量。为涵盖更一般气体模型,引入特征速度,记为 c^*,定义为

$$c^* = \dfrac{p_c A_t}{\dot{m}} \tag{3-11}$$

对于量热完全气体,特征速度表示为

$$c^* = \sqrt{\dfrac{RT_c}{\gamma}}\left(\dfrac{\gamma+1}{2}\right)^{\frac{\gamma+1}{2(\gamma-1)}} \tag{3-12}$$

对前文所给的喷管入口燃气物性数据,特征速度为

$$c^* = \sqrt{\frac{656.2 \times 3000}{1.24}} \times \left(\frac{1.24+1}{2}\right)^{\frac{1.24+1}{2\times(1.24-1)}} = 2138.2(\text{m/s})$$

一般而言,特征速度 c^* 仅依赖于推进剂(化学成分)与燃烧室压强 p_c。它是表征推进剂比能量和燃烧品质的性能参数。

约定燃气比热比的函数 $\Gamma(\gamma)$,使特征速度、质量流量等的表示式更紧致。Γ 定义为

$$\Gamma = \sqrt{\gamma}\left(\frac{2}{\gamma+1}\right)^{\frac{\gamma+1}{2(\gamma-1)}} \tag{3-13}$$

对于通常火箭发动机的燃气,γ 为 1.2~1.3,Γ 接近 0.65。利用函数 Γ,喷管的最大质量流量与特征速度分别写为

$$\dot{m} = \Gamma \frac{p_c A_t}{\sqrt{RT_c}}, \qquad c^* = \frac{\sqrt{RT_c}}{\Gamma}$$

3.5 喷管性能参数及出口压强的影响

如前面所述,喷管喉部面积决定气体质量流量。下面探究喉部下游出口压强的影响。

在喷管轴线上,任一点处的马赫数取决于该处的截面积与喉部面积之比,如果满足以下假设:

(1)喷管是处处被气体充满的,即流管与喷管的型线重合;
(2)从喷管喉部往下游都是超声速流。

依据式(3-10),由面积比 $A(x)/A_t$ 确定当地马赫数 $Ma(x)$;再依式(3-8)、式(3-7)和式(3-4),依次确定 $p(x)$、$T(x)$ 和 $u(x)$。

出口压强决定着气体流动是否充满喷管。故将出口速度与压强关联起来是方便的,这可由能量方程变换得到。对于量热完全气体的等熵流动,$s = s_c$,可依式(3-5)将温度比转换为压强比,得

$$u_e = \sqrt{2c_p T_c \left[1 - \left(\frac{p_e}{p_c}\right)^{\frac{\gamma-1}{\gamma}}\right]} \tag{3-14}$$

式(3-14)所示流速与压强比的关系并不要求喷管被气体充满,因为它未使用面积这个参数。p_e 为喷管出口(确切而言,是流管被喷管出口面横截的面)处的压强。

根据火箭推力公式，对于喷管被气体充满的情形，用压强比表示的出口流速表达式替换公式中的速度项 u_e，给出以压强比项 p_e/p_c 和压差项 $p_e - p_a$ 表达的推力公式为

$$F = \dot{m}\sqrt{2c_p T_c \left[1 - \left(\frac{p_e}{p_c}\right)^{\frac{\gamma-1}{\gamma}}\right]} + A_e(p_e - p_a) \tag{3-15}$$

根据式(3-11)与式(3-12)定义的特征速度 c^*，当喷管喉部的流动马赫数为 1 时，可将式(3-15)表示的推力无量纲化为

$$\frac{F}{p_c A_t} = \sqrt{\frac{2\gamma^2}{\gamma-1}\left(\frac{2}{\gamma+1}\right)^{\frac{\gamma+1}{\gamma-1}}\left[1 - \left(\frac{p_e}{p_c}\right)^{\frac{\gamma-1}{\gamma}}\right]} + \frac{A_e}{A_t} \cdot \frac{p_e - p_a}{p_c} \tag{3-16}$$

式中，面积比 A_e/A_t 称为喷管的膨胀比。可根据连续方程将膨胀比与压强比 p_e/p_c 关联起来(请试自推导之)，表示为

$$\frac{A_t}{A_e} = \left(\frac{p_e}{p_c}\right)^{\frac{1}{\gamma}}\sqrt{\frac{2}{\gamma-1}\left(\frac{\gamma+1}{2}\right)^{\frac{\gamma+1}{\gamma-1}}\left[1 - \left(\frac{p_e}{p_c}\right)^{\frac{\gamma-1}{\gamma}}\right]} \tag{3-17}$$

现在引入推力系数，定义为

$$C_F = \frac{F}{p_c A_t} \tag{3-18}$$

将式(3-16)与式(3-18)对比可知，对于量热完全气体，已经获得推力系数 C_F 的估计。遵循传统，将推力系数随喷管面积比和压强比(此处为滞止压强对外界大气压强之比)变化的情形绘制为图 3.5，其中的比热比 $\gamma = 1.2$。

前面已给出用等效排气速度 c_{eff} 表示的推力公式，今将其与推力系数、特征速度等关联为

$$F = \dot{m}c_{\text{eff}} = \frac{p_c A_t}{c^*}c_{\text{eff}} = C_F p_c A_t \tag{3-19}$$

由此可见

$$c_{\text{eff}} = c^* C_F \tag{3-20}$$

式(3-20)是化学火箭发动机性能参数之间的基本关系式。由式(3-20)以及推力系数 C_F、特征速度 c^* 的定义，将推进剂物性与喷管几何构型各自对等效排气速度 c_{eff} 的影响分离开。虽然效应分离的合理性以及式(3-20)是通过量热完全气体模型的途径推导出的，但其对于具有复杂热化学性质的燃气通过喷管的流动也具有指导意义。

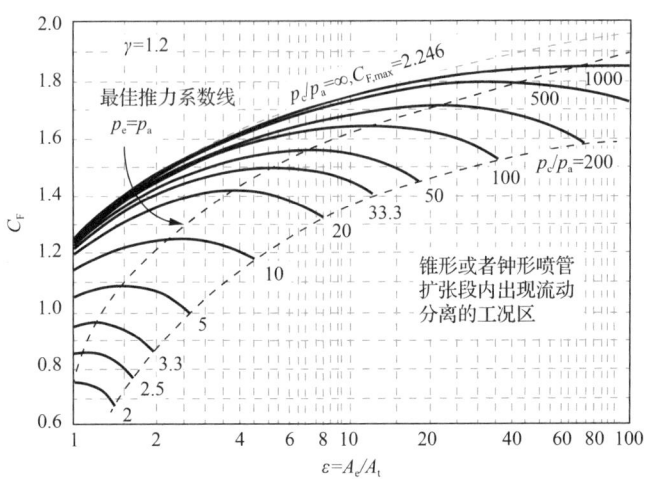

图 3.5 推力系数随面积比及压强比的变化

当忽略燃气比热比随压强(或者温度)变化时，式(3-16)等号的右手侧实际上仅有两个独立变量，即出口截面的压强 p_e 与外界大气压强 p_a，这是因为喷管面积比 A_e/A_t 与燃气压强比 p_e/p_c 之间通过式(3-17)互为函数。因此，对于固定的外界大气压强 p_a，存在使推力系数最大的出口截面压强 p_e，此条件确定式为

$$\frac{\partial C_F}{\partial p_e}=0 \tag{3-21}$$

对应的推力系数 $C_{F,opt}$ 是外界大气压强 p_a 的函数，称为最佳推力系数，条件即 $p_e=p_a$。图 3.5 表明，最佳推力系数 $C_{F,opt}$ 为 0.8～1.9。

在大气层内存在 $C_F<1$ 的情形，这是将大气的正压力计入了火箭受到的推进作用的结果；但在真空中总是 $C_F>1$。

现对推力系数、特征速度的物理意义给予解释。

推力系数 C_F 与推进剂的关联很弱，仅通过燃气的比热比 γ 相关联；反而主要取决于压强比及喷管的几何构型。深入一层来看，推力系数定义式中的分母项是燃气维持压强为 p_c 的常量而作用在喉部截面上产生的静压力。实际喷管的收缩-扩张构型使燃气产生了宏观流动，由此导致反作用力大于前述静压力，推力系数就是放大因子。

特征速度 c^* 主要取决于推进剂的物性和燃烧的完善程度，后者即取决于燃烧室的设计品质。通常又用 c^* 效率(表示为 η_{c^*})表征化学键能释放并转化成高温、高压燃气内能的完善程度。当代化学火箭发动机的设计已经达到 η_{c^*} 为 0.92～0.995 的水平。

3.6 非理想膨胀效应

3.5 节讨论推力系数 C_F 时，一直假设气流充满喷管并且在出口达到超声速。若假设成立，则可用燃烧室压强、喉部面积、喷管出口面积以及外界大气压强这些参数，利用式(3-16)和式(3-19)计算推力。然而，在火箭由低到高穿越大气层的过程中，喷管内可能出现比前述理想膨胀状态更复杂的流动。火箭上升过程中能影响喷管内流动的只有变化的外界大气压强，正是压强比 p_e/p_a 对某个特定值的偏离程度决定着喷管的流动形态。那些可能出现的代表性流态总结如图 3.6 所示。

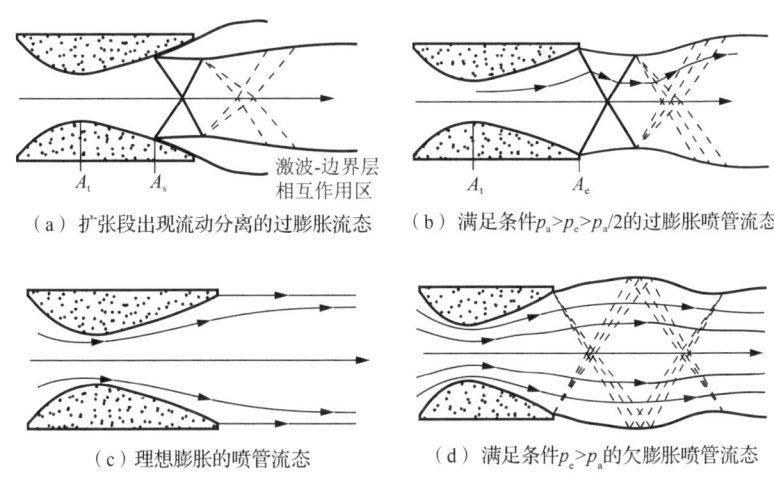

（a）扩张段出现流动分离的过膨胀流态　　（b）满足条件 $p_a > p_e > p_a/2$ 的过膨胀喷管流态

（c）理想膨胀的喷管流态　　（d）满足条件 $p_e > p_a$ 的欠膨胀喷管流态

图 3.6　喷管排气流动的代表性形态示意图

理想膨胀的喷管流动形态如图 3.6(c)所示，带箭头的细实线代表流线。这是给定燃烧室压强 p_c、喉部面积 A_t 以及外界大气压强 p_a 这些参数的条件下，变化喷管出口面积 A_e 获得最大推力时对应的喷管气体流态。上述条件的解析证明见式(3-21)。根据推力是燃气与大气各自作用于其与火箭结构接触的表面的压力差这个原理，也可较直观地解释理想膨胀导致最大推力的原因：若扩张段再延伸一点，额外延伸部分的内部气流压强低于外界大气压强，对应于这部分结构的推力贡献项为负；其他部分结构的内外压强不变，推力贡献亦不变，故合并项变小。扩张段再缩短一点的分析类似（试请读者自描述之）。

考察外界大气压强 p_a 减小（如火箭穿越大气层上升所经历）而致喷管出口压强 $p_e > p_a$ 的情形，此时称为欠膨胀，喷管内仍是满流的，气流越过出口截面后外扩（如图 3.6(d)所示，与喷管中心轴相交的虚线为膨胀波线，粗实线是大气与燃气界线），但是推力公式仍精确适用。

若外界大气压强 p_a 大于喷管的膨胀比所决定的出口压强 p_e，视超出的幅度，喷管流动可出现数种形态。存在一个与燃气物性及出口马赫数有关的阈值，此阈值为 2~2.5，当 p_a/p_e 小于该阈值时，出现附着点为喷管出口截面唇的顺流方向斜激波，气流越过出口截面后向内收缩(如图 3.6(b)所示，与喷管中心轴相交的实线为激波)；只要喷管内仍是满流的，推力公式仍精确适用。当压强比 p_a/p_e 变得更大时，激波在喷管壁的附着点向上游移动，燃气流在越过激波附着截面后即收缩，激波面与喷管壁之间的区域出现边界层分离现象(伴随外界大气在该区域的回流)，实际有效的燃气出流面积变小，如图 3.6(a)所示。喷管内出现分离现象的截面上气流压强 p_s 随 p_a 变化，估计

$$\frac{1}{2.5} \leqslant \frac{p_s}{p_a} \leqslant \frac{1}{2}$$

用出现分离的喷管截面积 A_s，以及截面上游侧的气体压强(分离面实际上是激波，故区分两侧的压强) p_s 分别替换推力公式中的 A_e 与 p_e，估算该情形下的推力为

$$F = \dot{m}u_s + A_s(p_s - p_a)$$

按照上述理解，可将喷管内出现流动分离现象时的推力系数估计为

$$C_F = \sqrt{\frac{2\gamma^2}{\gamma-1}\left(\frac{2}{\gamma+1}\right)^{\frac{\gamma+1}{\gamma-1}}\left[1-\left(\frac{p_s}{p_c}\right)^{\frac{\gamma-1}{\gamma}}\right]} + \frac{A_s}{A_t} \cdot \frac{p_s - p_a}{p_c}$$

3.7 喷管构型与流动的联系

3.7.1 喷管类型

至此，前文用以示意流动形态的喷管都是轴对称的收缩-扩张钟形喷管。这是现今标准的热火箭喷管构型，其理由如下。

(1) 结构。本质上仅有圆周切向应力(类似木桶的铁箍受力状态)，易于设计。

(2) 冷却。可由与喷管中心轴在同一平面的管束构成喷管壁，冷却液在各条管内由入口到出口贯通流动，无分支、汇流等现象。

(3) 与燃烧室匹配。燃烧室大都呈简单的圆柱腔，喷管与之自然融为一体。

然而，这种固定构型的喷管也有缺点。在海拔低的空域，喷管的膨胀比对于当地的气压过大，导致损害有二：一是气流低于外界大气压强部分的喷管贡献负推力，不论上述区域内是否出现流动分离；二是出现分离现象时，流动可能不是轴对称的，而且流动是不稳定的，产生短暂但巨大的不确定性侧向力并作用在喷管上。在发动机瞬变、起动、关机过程中也可能出现上述现象(请读者思考原因，从燃烧室压强的变化方面入手)。

为克服固定构型的喷管在火箭穿越大气层过程中不能保持趋近最佳膨胀状态的缺点，出现了对基础的钟形喷管的改进设计，有些变化相当大，简介如下。

(1) 可延伸喷管。可延伸喷管结构如图 3.7 所示，在低海拔时使用短的内喷管，在高海拔时延伸部分续接至短喷管的出口处，增大喷管的膨胀比。如此，在发动机工作的不同阶段，喷管内气流都更接近各自的最佳膨胀状态。

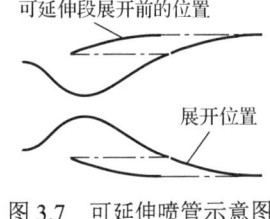

图 3.7 可延伸喷管示意图

(2) 外部膨胀喷管，或称为气动塞式喷管。在设计工况即气流最佳膨胀的流态，如图 3.8(a) 所示，点划线代表中轴线。在无固壁约束的一侧，流线基本上与中心塞锥体的轴线平行，燃气流压强等于外界大气压强，流动马赫数达到设计值。

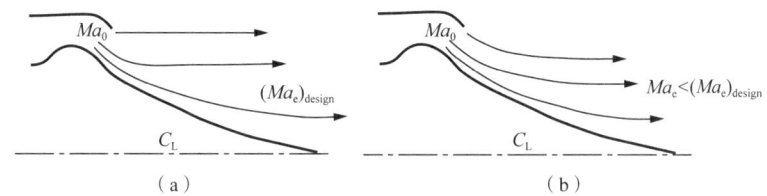

图 3.8 气动塞式喷管示意图

当发动机工作在低于设计海拔空域时，如图 3.8(b) 所示，所有的气流流线向内侧（贴近中心塞锥体表面的一侧）偏折，等效于喷管的膨胀比变小，出口马赫数小于设计值。尽管推力比设计值减小，但是大于过膨胀状态的钟形喷管产生的推力，并且不出现流动分离现象。当然，就细节而言，这时的气流结构非常复杂，其中包含交错的斜激波与膨胀波，但是这些现象对性能的损害很小。

气动塞式喷管的优点：①外界大气压强偏离设计工况时的性能更好；②允许使用模块化的燃烧室，围绕中心塞锥体排成环形，图 3.9 是逆着中心塞锥体的尖端向上游看过去的视图。

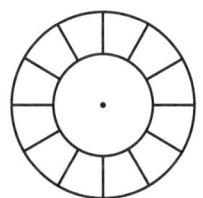

图 3.9 与气动塞式喷管配合的模块化燃烧室布局示意图

气动塞式喷管的缺点：①中心塞锥体难以冷却；②质量较大，因为这种结构并不像钟形喷管那样基于简单的圆筒形压力容器的设计。

通过通道流模型已将流动马赫数与通道截面积关联起来，但这并未解决截面积应当如何随轴线位置变化的问题。现在考虑另外一个模型——特征线方法，即图 3.2 中的模型 3，它能建立喷管形状 $A(x)$ 与流动状态参数之间的定量联系。为明晰简单计，仅考虑二维平面上的超声速、等熵流动，但所用步骤可扩展到轴对称三维流动，只是更复杂些。

首先回顾扩张角与马赫数的联系，即普朗特-迈耶膨胀波关系式。

3.7.2 流动马赫数随扩张角的变化

在超声速喷管中，气流的加速主要是由其穿过弱等熵膨胀波系实现的，这些等熵膨胀波系可视为连续的无限小普朗特-迈耶膨胀波形成的有限张角膨胀扇。如图 3.10(a) 所示，直匀流的流速和马赫数分别为 V_1、Ma_1，流线相对某固定参考轴的夹角为 θ_1。在流道壁面的一点处,流道壁面线发生突然折转,由该点发出一道马赫波,使穿过马赫波的气流相对原固定参考轴的夹角变为θ_2,流速和马赫数分别变为V_2与Ma_2。如图 3.10(b)所示,记马赫波线与来流速度方向的夹角(简称马赫角)为α,气流折转的角度微分是$d\theta$,速度增量为dV。

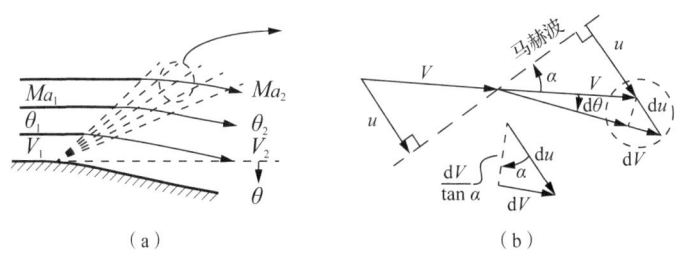

图 3.10 超声速气流膨胀示意图

根据气体动力学课程中对斜激波的分析结论:跨越任何波线,只有垂直于波线的速度分量u发生变化。因此,速度增量dV必然完全是垂直于波线的速度分量的增量du引起的,其间的矢量关系如图 3.10(b)所示,且有如下近似关系式:

$$du \approx dV$$

对于角度微分$d\theta$,有

$$Vd\theta \approx \frac{dV}{\tan\alpha}$$

由上式可整理出速度微分与气流折转角之间的关系为

$$d\theta \approx \frac{dV}{V}\frac{1}{\tan\alpha}$$

根据马赫角的定义,将马赫角用马赫数表示为

$$\alpha = \arcsin\frac{a}{V} = \arcsin\frac{1}{Ma} = \arctan\frac{1}{\sqrt{Ma^2-1}}$$

$$\tan\alpha = \frac{1}{\sqrt{Ma^2-1}}$$

由此可见,可以将气流折转角θ与气流速度V、马赫数Ma关联起来:

$$d\theta = \sqrt{Ma^2-1}\frac{dV}{V} \tag{3-22}$$

而根据气流的能量守恒方程,可建立气流速度V与马赫数Ma的联系,过程如下:

$$\frac{T}{T_c} = \frac{1}{1+\frac{\gamma-1}{2}Ma^2} \rightarrow \frac{dT}{T} = \frac{-1}{1+\frac{\gamma-1}{2}Ma^2}(\gamma-1)MadMa$$

$$Ma^2 = \frac{V^2}{\gamma RT} \rightarrow 2\frac{\mathrm{d}Ma}{Ma} = 2\frac{\mathrm{d}V}{V} - \frac{\mathrm{d}T}{T}$$

$$\frac{\mathrm{d}V}{V} = \frac{\mathrm{d}Ma}{Ma} + \frac{1}{2}\frac{\mathrm{d}T}{T} = \frac{\mathrm{d}Ma}{Ma} - \frac{1}{1+\frac{\gamma-1}{2}Ma^2}\frac{\gamma-1}{2}Ma\mathrm{d}Ma$$

$$\frac{\mathrm{d}V}{V} = \frac{\mathrm{d}Ma}{Ma}\left(\frac{1}{1+\frac{\gamma-1}{2}Ma^2}\right) \tag{3-23}$$

至此，将式(3-23)代入式(3-22)，可获得从声速点起算的气流折转角 θ 随马赫数 Ma 的变化关系，即普朗特-迈耶函数为

$$\theta(Ma) = \int_1^M \frac{\sqrt{Ma^2-1}}{1+\frac{\gamma-1}{2}Ma^2}\frac{\mathrm{d}Ma}{Ma} \tag{3-24}$$

式(3-24)的解析形式为

$$\theta(Ma) = \sqrt{\frac{\gamma+1}{\gamma-1}}\arctan\sqrt{\frac{\gamma-1}{\gamma+1}(Ma^2-1)} - \arctan\sqrt{Ma^2-1} \tag{3-25}$$

普朗特-迈耶函数的部分图像如图 3.11 所示。仅就普朗特-迈耶函数本身而言，对于每个确定的参变量 γ，都存在一个最大的气流折转角，例如，$\gamma=1.4$ 时 $\theta_{\max}=130.5°$，$\gamma=1.2$ 时 $\theta_{\max}=208.5°$。通常化学火箭发动机喷管出口的马赫数不大于5，相应的气流折转角不大于100°。

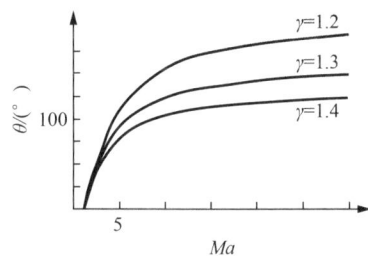

图 3.11 普朗特-迈耶函数的部分图像

3.7.3 喷管壁面线沿轴向的变化

那么，如何根据普朗特-迈耶函数提供的信息确定喷管的形状呢？假设气体比热比 $\gamma=1.4$，设计喷管的目标为 $p_\mathrm{c}/p_\mathrm{e}=100$，步骤如下。

(1) 计算喷管出口马赫数与喷管面积比。对于 $\gamma=1.4$ 以及 $p_\mathrm{c}/p_\mathrm{e}=100$，由式(3-8)可得 $Ma_\mathrm{e}=3.7$，再由式(3-10)或者式(3-17)可得 $A_\mathrm{e}/A_\mathrm{t}=8.2$。

若使气流在喷管出口达到上述马赫数，并且气流方向与喷管中心轴线平行，那么喷管壁面线及气流的流线示意图如图 3.12 所示。

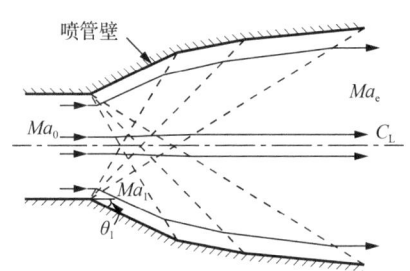

图 3.12　确定喷管形状的特征线方法示意图

记气流在喉部下游壁面外折点之后偏折到气流角为 θ_1，且折转前的马赫数 $Ma_0 > 1$。为简单起见，仅画出构成膨胀扇的无数条波线中的三条。由于轴对称性，每条波线都必定从中轴线上反射回来，将使气流再次发生偏折，但方向与穿越前一个膨胀扇的相反。气流角为 θ_1 的气流穿越第一条反射波线，若在该反射波撞击壁面点的下游，壁面线恰好与气流折转后的方向平行，则该条波线不再反射；若第二条反射波线后的壁面线也恰好与气流折转后的方向平行，则气流在喷管内不产生其他反射波。

那么，如何使气流穿越所有反射波线后，又回复到平行于中轴线的方向，且不再产生新的马赫波呢？

(2) 确定气流角 θ_1。由普朗特-迈耶函数关联为

$$\theta(Ma_1) - \theta(Ma_0) = \theta_1 \tag{3-26}$$

类似地，穿越反射波系，欲使气流角仍为 θ_1，但是方向相反，函数关系为

$$\theta(Ma_e) - \theta(Ma_1) = \theta_1 \tag{3-27}$$

上述两式相加给出

$$2\theta_1 = \theta(Ma_e) - \theta(Ma_0)$$

由上式可解出喷管壁气流角 θ_1 的数值。接下来，可由式(3-26)或式(3-27)中的任一式解算出 Ma_1。当然，若 $Ma_0 = 1$，则 $\theta(Ma_0) = 0$，计算的过程更简单些。

若按照气体质量流量的要求给出喉部直径，则可由外折点处的马赫角 $\alpha = \arcsin(1/Ma_0)$、气流角 θ_1 确定出口截面相对于喉部截面的位置。图 3.12 所示喷管扩张段由三条折线段拼接而成，若要求整个扩张段壁面线更光滑，需将膨胀扇分成更多的波线来逼近。如此即得到满足给定的膨胀比 (p_c/p_e)、马赫数均一且方向平行于轴线的出口气流。

然而，完全满足上述要求的喷管长度很大。实践中一般将对推力贡献不大的远下游部分截去，使发动机满足长度约束。已经发展出 Rao 喷管设计方法，该方法可确定壁面线的形状，使给定长度(比理想喷管长度值小)的喷管推力最大。

相同的思想亦可用以理解气动塞式喷管的设计，这种喷管示意图如图 3.13 所示。

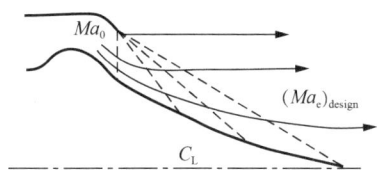

图 3.13 气动塞式喷管中的膨胀波示意图

如图 3.13 所示,由喷管收缩段出口外唇发出的每一条膨胀波线,在撞击中心塞锥体的表面后,都因为表面线的恰当折转而不产生反射,因而仅有一族膨胀波。这种外膨胀喷管可以是二维的,也可以是轴对称的;既可用于火箭发动机,也可用于某些飞机的发动机,即用后机身的下侧面作为引导燃气膨胀的表面。以机身为喷管也是超燃冲压发动机理念的关键组成部分。

思考与练习题

3-1 对于将燃气视为量热完全气体、入口气流的滞止压强(p_c)和滞止温度(T_c)以及喉部截面积(A_t)都给定的喷管,其质量流量是否能大于或者小于下式表示的量?请根据气动热力学原理解释原因。

$$\frac{\dot{m}}{p_c A_t} = \sqrt{\frac{\gamma}{RT_c}} \left(\frac{2}{\gamma+1}\right)^{\frac{\gamma+1}{2(\gamma-1)}}$$

3-2 用物质的量之比为 5:1 的氢和氙的混合物作为核热火箭发动机的推进剂,当加热温度 $T_c = 2200\text{K}$ 时,欲使比冲 I_{sp} 超过 10000m/s,确定喷管的膨胀比最小值。

3-3 给出 $p_e = p_a$ 是满足方程 $\partial C_F / \partial p_e = 0$ 的解的条件与求解过程。

3-4 当外界大气压强 p_a 大于喷管的膨胀比所决定的出口气流压强 p_e 时,存在一个与燃气物性及出口马赫数有关的阈值,此阈值为 2~2.5,当 p_a / p_e 小于该阈值时,出现附着点为喷管出口截面唇的顺流方向斜激波。记燃气比热比为 γ,试根据正激波关系式,确定喷管出口气流的马赫数范围。

第 4 章 燃气状态参数计算

4.1 火箭燃气喷射模型回顾

第 3 章介绍了描述火箭燃气喷射的不同模型,并强调指出,没有任何一个模型完全反映真实流动与燃气物性的所有特征。其中,最简单的模型 1 表述为

$$\frac{c^2}{2} = c_p T_c \tag{4-1}$$

该模型仅仅反映燃气在燃烧室表现出的热能完全转化为定向喷射的宏观动能的量化约束这一要求,全然不顾及效率问题,也不顾及转化的气体动力学机制。

模型 2 将燃气喷射视为量热完全气体的通道流,是对实际燃气在压差驱动下的喷管内膨胀行为及膨胀中气体物性变化规律的近似描述。根据模型 2,可针对给定喉部截面积和膨胀比的喷管,写出推力系数 C_F 与燃气出流的质量流量各自的近似具体表达式。推力系数 C_F 的定义式的适用范围比模型 2 更广泛。

模型 3 考虑喷管的实际二维几何形状而描述气体流动行为,同样将燃气视为量热完全气体,可以确定喷管截面积沿着轴向位置的变化。

模型 4 描述固体推进剂火箭发动机内弹道学。该模型描述燃气填充燃烧室的动态过程,考虑了主宰推进剂固体的燃烧速率和燃烧过程稳定性的最重要的物性参数——燃速指数的影响。

上述所有模型的共同出发点是要求给定燃烧产物——燃气的物性。由此可见,燃气的物性是影响火箭燃气喷射特性的关键因素。这就需要一个模型,将燃气的物性与推进剂的物性关联起来。这个模型涉及的知识称为燃烧热化学。

4.2 燃烧热化学

燃气状态参数计算的前提条件包括给定的燃烧室压强 p_c 和给定的推进剂初温 T_i、组成(用各组分的质量或物质的量表示),计算的结果包括燃气的温度 T_c 和组成(包括组分及其数量)。

后文对燃烧前的反应物使用推进剂、推进剂组元等术语,对燃烧后的产物使用燃气、燃气的组分、燃气的粒子等术语,读者注意体会其联系与区别。

4.2.1 燃气平衡态

燃烧过程包含化学反应和物质状态的物理变化。从能量转化的视角看，燃烧中推进剂的化学键能与燃气在相同初温状态的化学键能之间的差显现为燃气的热能。热能是宏观动能的直接来源，故希望燃气的温度很高（可以超过3000K）。

既然燃气的能量由化学键能和热能构成，那么确定燃气温度时必须耦合确定燃气组分，必须同时关注影响燃气的化学键能与热能分配的化学平衡，这就有必要回顾平衡的概念。

燃气的组分及各自的数量不再变化时，燃气达到化学平衡。燃气的各组分粒子的温度、燃气占据空间的各部分的温度都相等时，燃气达到热平衡。燃气占据空间的各部分的压强相等时，燃气达到力平衡。只有达到平衡态的燃气，才有确切的有意义的状态参数，这样的参数包括温度、压强、内能、熵等。

大致而言，确定推进剂转化为燃气的温度 T_c 和组成，就需要考虑多组分可反应系统的态函数所应满足的化学平衡条件以及能量转化和守恒关系。

4.2.2 燃烧的能量转化与守恒关系

火箭发动机燃烧室达到稳定工作状态时，室内的宏观流动速度较小，入口与出口之间压差较小，燃烧在近似定压条件下进行。同时，火箭发动机燃烧室是一个开放系统，推进剂燃烧时的能量转化和守恒关系中应该计入体积功。基于上述认识，制作一个简单模型，将化学能计入内能，视固定质量的推进剂燃烧为定压绝热过程。设想燃烧进行时，这个固定质量的反应系统以准静态的膨胀（或者压缩）维持其压强为常量，系统的体积由初态的 V_1 变为终态的 V_2，根据热力学第一定律，该反应的能量关系为

$$U_2 - U_1 + p(V_2 - V_1) = H_2 - H_1 = 0$$
$$\rightarrow H_2(p, T_c) = H_1(p, T_i) \tag{4-2}$$

式中，U_1、U_2 为系统初、终态的内能；p 为给定的压强；H_1、H_2 为系统初、终态的焓。系统的终态物质是燃烧产物，温度为 T_c；系统的初态物质是反应物，温度为 T_i。

式(4-2)指明了用于确定燃烧温度的态函数及其满足的关系。它表明：推进剂的焓与燃气的焓相等；在给定初、终态组分及其数量的前提下，只要知道焓关于温度的函数表示式，就能解方程求得燃烧温度 T_c。

因为物质的焓的绝对量是无法测得的，有价值的仅是焓的变化量，所以可以找一个共同基准，观察其他状态相对于这个基准的焓的变化量。为了适应燃烧问题的求解，这个基准应该涵盖化学键能对焓的影响。

学术界已经做出约定：①标准状态的元素的稳定单质的焓等于零；②由标准状态的元素的稳定单质在定压-定温条件下生成1mol某化合物释放或者吸收的热量，定义为这

种化合物的标准摩尔生成焓,记为 $\Delta H_{f,*}^{\ominus}$,其中*代表化合物的表示式;③标准状态指 $p = 1.01325 \times 10^5 \mathrm{Pa} \equiv p^{\ominus}$,$T = 298.15\mathrm{K} \equiv T^{\ominus}$。

注意:(1)元素的稳定单质是在标准状态下处于稳定的和最常见的由单一元素组成的物质,如气态的 O_2、N_2、H_2、Cl_2,固态的碳(石墨)和金属 Al、Fe 等。元素的稳定单质本身的标准生成焓等于零。

(2)生成反应涵盖了化学键能对焓的影响,它在经典热力学和经典热化学中无法通过理论计算得到,只能通过实验测量生成反应的热效应获得。如此将化合物的焓的其他部分剥离为与化学键能无关的热焓(这是一个不严谨的术语)。

根据约定和热力学第一定律,某化合物在标准状态的摩尔焓就等于其标准摩尔生成焓,在形式上表示为

$$\Delta H_{f,*}^{\ominus} \equiv Q = H_*^{\ominus}$$

式中,$H_*^{\ominus}$ 为标准状态的某化合物的摩尔焓;遵循热力学约定,反应系统吸热时 Q 为正数,放热时 Q 为负数,故化合物在标准状态的摩尔焓可正可负。例如,水生成反应为

$$H_2(g) + \frac{1}{2}O_2(g) \longrightarrow H_2O(g)$$

$$Q = \Delta H_{f,H_2O(g)}^{\ominus} = -241.826 \mathrm{kJ/mol}$$

据此得 $H_{H_2O(g)}^{\ominus} = -241.826 \mathrm{kJ/mol}$。气态水的标准摩尔生成焓是负数,表示气态水的生成反应是放热反应。上式中,标注产物为气态水的符号 g 是必需的。因为若生成液态水,所释放的热量就会更多,其差值为该压强下水的汽化热。

一般而言,在标准状态(可放宽为通常温度和压强)下稳定的化合物的标准摩尔生成焓为负数;那些不稳定的化合物(如火炸药)的标准摩尔生成焓为正数。

现在回到计算推进剂和燃气在任意温度与压强的焓的问题。在实际的火箭发动机工作参数范围内,燃烧室的压强大于标准状态的压强,推进剂和燃气的温度也不等于标准状态的温度。这就需要设想一些热力过程(如可逆过程),将标准状态的推进剂组元和燃气组分转化到各自对应的热力状态,而这些转化过程中的焓变是可以依据热力过程的特性来计算的,组合标准摩尔生成焓的数据,即可获得式(4-2)中的 H_1、H_2 的关于温度的函数表示式。由于焓是状态函数,保证上述计算结果有效的是盖斯定律:化学过程的热效应与其所经历的中间过程无关,而只与物系的初态和终态有关。

如肼(N_2H_4)为推进剂的挤压式液体火箭发动机中燃气生成示意图如图 4.1 所示。肼的物理性质在多方面都像水,但它的标准摩尔生成焓为 $\Delta H_{f,N_2H_4}^{\ominus} = 50.626 \mathrm{kJ/mol}$。现在假设标准态的肼经定压绝热过程分解为 N_2 与 H_2,并且两种产物的热焓均以 $c_p T$ 的形式估计,则可用式(4-3)确定燃烧产物的温度:

$$\Delta H_{f,N_2H_4}^{\ominus} = (c_{p,N_2} + 2c_{p,H_2})(T_c - T^{\ominus}) \tag{4-3}$$

因为根据约定,产物各组分的标准摩尔生成焓均为零,反应物处于热力学标准态,对应

式(4-2)中，$H_2 = H_1 = \Delta H_{f,N_2H_4}^{\ominus}$。式(4-3)中，取比热容的单位为 J/mol，与标准摩尔生成焓的单位相同。

一般而言，化合物的热焓的较精确数量需用温度的复杂函数来估计，学术界已将压强为 $1.01325 \times 10^5 \text{Pa} \equiv p^{\ominus}$ 的气体的摩尔生成焓表示为温度 T 的函数，形式为

$$H_M^{\ominus}(T) - H_{M,298.15K}^{\ominus} = At + \frac{Bt^2}{2} + \frac{Ct^3}{3} + \frac{Dt^4}{4} - \frac{E}{t} + F - H$$

式中，$t = T/1000$；A、B、C、D、E、F、H 代表拟合常数；标注下标"M"的符号 $H_M^{\ominus}$ 表示摩尔生成焓。作为初步估计，假设 N_2 与 H_2 都是理想的双原子分子，比热比为常数，$\gamma = 1.4$，其比定压热容均为

$$c_p = \frac{\gamma}{\gamma - 1} R = \frac{1.4}{0.4} \times 8.314 \frac{\text{J}}{\text{mol} \cdot \text{K}} = 29.1 \frac{\text{J}}{\text{mol} \cdot \text{K}}$$

根据标准状态的约定，$T^{\ominus} = 298.15\text{K}$；将各已知量的数值代入式(4-3)得到 $T_c - T^{\ominus} = 580\text{K}$，因此给出 $T_c \approx 878\text{K}$。

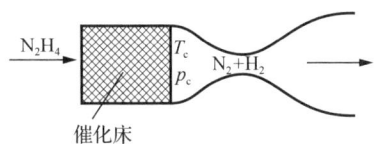

图 4.1 肼为推进剂的火箭发动机燃气生成示意图

4.2.3 燃烧终态稳定的化学平衡条件

如图 4.1 中的理想情形即反应物完全消失、产物的成分之间完全不存在相互转化的现象，在实际火箭发动机中几乎不存在。实际燃烧终态系统的一些组分之间存在可逆的化学反应，即反应进行的方向可因压强、温度以及各组分的物质的量的变动而改变。例如，肼分解产物中实际上还包含氨（NH_3），产物中存在的可逆反应为

$$2NH_3 \rightleftharpoons N_2 + 3H_2$$

当达到化学平衡态时，驱动反应朝单一方向进行的势消失，产物中各组分的物质的量不再变动。因此，对于包含数量待确定的多种组分的系统，需要依据对化学反应驱动势的要求添加除能量守恒以外的约束条件来使问题适定。

回顾热化学的知识可知，对于可发生化学反应的系统，确定其内能、焓、熵及吉布斯自由能等状态参数的独立变量，除温度、压强(或者比容积)外，还有系统的化学组成，如各组分的物质的量。对于包含 k 种组分（各组分的物质的量依次记为 $n_1, n_2, \cdots, n_k$）的系统，其吉布斯自由能形式上可表示为

$$G = G(T, p, n_1, n_2, \cdots, n_k)$$

依据热力学第二定律及其推论，当固定反应系统的温度与压强时，系统各组分的物

质的量变化的自发趋向使系统的吉布斯自由能极小化。因此，系统达到化学平衡态的条件为

$$\mathrm{d}G = \left(\frac{\partial G}{\partial n_1}\right)\mathrm{d}n_1 + \left(\frac{\partial G}{\partial n_2}\right)\mathrm{d}n_2 + \cdots + \left(\frac{\partial G}{\partial n_k}\right)\mathrm{d}n_k = 0 \tag{4-4}$$

式中，系统的吉布斯自由能对某一组分的物质的量的偏导数简称为偏摩尔吉布斯自由能，即该组分在此系统中的化学势。注意上述说法是很审慎的，因为严格来讲，化学势应表示为

$$\mu_{\mathrm{M},i} = \left(\frac{\partial G}{\partial n_i}\right)_{T,p,n_{j(j \neq i)}} \tag{4-5}$$

如同反应系统的吉布斯自由能，化学势与确定系统的温度、压强以及各组分的物质的量都相关，偏导数括号外的下标表示它是保持其他影响吉布斯自由能的因素都不变化条件下的导数。$\mu_{\mathrm{M},i}$ 的单位为 J / mol。

至此，利用式(4-4)作为确定系统达到化学平衡状态的条件还需要解决两个问题：一是化学势如何计算；二是 $\mathrm{d}n_i$ 彼此如何约束。

对于第一个问题，运用一个简单的数学技巧可得

$$\left(\frac{\partial G}{\partial n_1}\right)n_1 + \left(\frac{\partial G}{\partial n_2}\right)n_2 + \cdots + \left(\frac{\partial G}{\partial n_k}\right)n_k = G \tag{4-6}$$

即各组分化学势的累加之和等于系统的吉布斯自由能。据此可以认为

$$\mu_{\mathrm{M},i} = G_{\mathrm{M},i}(T,p,n_1,n_2,\cdots,n_k) = G_{\mathrm{M},i}(T,p_i) = H_{\mathrm{M},i}(T,p_i) - T \cdot S_{\mathrm{M},i}(T,p_i)$$

即系统中某一组分的化学势等于在系统温度（T）和分压强（p_i）下的该组分的摩尔吉布斯自由能。上式中，$H_{\mathrm{M},i}(T,p_i)$ 与 $S_{\mathrm{M},i}(T,p_i)$ 分别表示温度（T）及分压强（p_i）下的某一组分的摩尔焓与摩尔熵。与摩尔焓的估计相关，压强为 $1.01325 \times 10^5 \mathrm{Pa} \equiv p^{\ominus}$ 的气体的摩尔熵的估计为

$$S_{\mathrm{M}}^{\ominus}(T) = A\ln t + Bt + \frac{Ct^2}{2} + \frac{Dt^3}{3} - \frac{E}{2t^2} + G$$

故对于任意的状态 (T,p)，首先查相关数据表可得 $G_{\mathrm{M}}(T,p^{\ominus}) \equiv G_{\mathrm{M}}^{\ominus}(T)$，再构造等温过程使物系由 $(T,p^{\ominus})$ 变化到 (T,p)，可得 $G_{\mathrm{M}}(T,p)$。对于理想气体组分，其过程列写为

$$\begin{aligned}\int_{T,p^{\ominus}}^{T,p} \mathrm{d}G_{\mathrm{M}} &= G_{\mathrm{M}}(T,p) - G_{\mathrm{M}}^{\ominus}(T) = \int_{T,p^{\ominus}}^{T,p}(-S_{\mathrm{M}}\mathrm{d}T + V_{\mathrm{M}}\mathrm{d}p) \\ &= \int_{T,p^{\ominus}}^{T,p} V_{\mathrm{M}}\mathrm{d}p = \int_{T,p^{\ominus}}^{T,p} \frac{RT}{p}\mathrm{d}p = RT\ln\frac{p}{p^{\ominus}}\end{aligned} \tag{4-7}$$

对于第二个问题，由于各组分的物质的量的变动只能由化学反应引致，故须将关注

点落实到系统中发生的具体化学反应式上寻找解答。例如，系统中某一化学反应形式上记为

$$\sum_i \gamma_i R_i = 0 \tag{4-8}$$

式中，R_i 为第 i 种组分；γ_i 为化学反应中的化学计量系数，规定生成物的系数为正数，反应物的系数为负数。仅由该反应引起的相关组分的微变化量可表示为 $dn_i = \varepsilon \gamma_i$，其中 ε 是任意微小量。若系统中存在 l 个不相关的化学反应，就可以引入 l 个独立的微小量 ε_j 来将式(4-4)重新表示为

$$dG = \varepsilon_1 \left(\sum_i \gamma_{1,i} \mu_{M,i} \right) + \varepsilon_2 \left(\sum_i \gamma_{2,i} \mu_{M,i} \right) + \cdots + \varepsilon_l \left(\sum_i \gamma_{l,i} \mu_{M,i} \right) = 0 \tag{4-9}$$

式中，$\gamma_{j,i}(j=1,2,\cdots,l)$ 为不同化学反应中的对应第 i 种组分的计量系数。从纯数学的角度看，由于各 ε_j 的相互独立性，式(4-9)等价于

$$\sum_i \gamma_{j,i} \mu_{M,i} = 0, \quad j=1,2,\cdots,l \tag{4-10}$$

至此，只剩下一个问题：如何确定反应系统中的不相关化学反应的数目 l？准则是：设产物系统包含 k 种组分，所有组分共含有 m 种元素，则 $l = k - m$。通常从燃烧产物中选择 m 种组分作为基础产物，简称为基，它是一个集合。对基有如下两个要求：①任何基组分不能由其他基组分的线性组合来表示，此性质是纯粹性的要求；②基集合外的其他任一组分都可由基组分的线性组合来表示，此性质是完备性的要求。基应该包含组成反应系统组分的所有元素，但是由完全相同的元素组成的组分不能同时选入基，否则就会破坏基的完备性与纯粹性。除基以外的其他组分的表示式就是确定化学平衡态所需的不相关反应。

4.2.4 化学反应平衡常数的表示形式

作为示例的一个化学反应如式(4-8)所示，其化学平衡条件为

$$\sum_i \gamma_i \mu_{M,i} = \sum_i \gamma_i G_{M,i} = 0 \tag{4-11}$$

仍将反应产物视为理想气体混合物，各组分温度均为 T，第 i 种组分的分压为 p_i，依式(4-7)得

$$G_{M,i}(T, p_i) = G_{M,i}^{\ominus}(T) + RT \ln p_i \tag{4-12}$$

写成式(4-12)的形式，要求分压 p_i 以 atm 为单位(1atm=1.01325×10^{5}Pa)。代入式(4-11)整理得

$$-\frac{1}{RT} \sum_i \gamma_i G_{M,i}^{\ominus}(T) = \ln \left(\prod_i p_i^{\gamma_i} \right) \tag{4-13}$$

$$-\frac{1}{RT}\sum_i \gamma_i G_{M,i}^{\ominus}(T) = \ln\left[\prod_i \left(\frac{n_i}{n}p\right)^{\gamma_i}\right] \tag{4-14}$$

$$K_p = \exp\left\{-\frac{1}{RT}\sum_i \gamma_i G_{M,i}^{\ominus}(T)\right\} = \prod_i p_i^{\gamma_i} \tag{4-15}$$

式(4-13)和式(4-14)分别是以各组分的分压、物质的量表示的化学平衡方程，其中，$p=\sum_i p_i$ 和 $n=\sum_i n_i$ 分别为混合物的压强(其数值亦以 atm 为单位)与总的物质的量。式(4-15)中的 K_p 定义为化学反应平衡常数，它仅是温度 T 的函数，由化学反应式的化学计量系数及各组分的标准摩尔吉布斯自由能确定，它给出的约束称为质量作用定律。

4.2.5 复杂燃烧产物组分与温度的确定方法

下面将燃烧产物的组分物质的量和温度的确定原理具体化为估计方法与步骤，以 H_2-O_2 双组元推进剂火箭发动机为例。为稍微降低一些复杂度，假设推进剂组元均为气体，温度为 $T_i = 298.15K$。其燃烧的化学方程式表示为

$$H_2 + nO_2 \longrightarrow \alpha H_2O + \beta H_2 + \chi OH + \delta H + \varepsilon O_2 + \phi O \tag{4-16}$$

式中，左手侧的 n 为进入燃烧室的气氧和气氢的物质的量的比值，为已知量；右手侧的各希腊字母则代表燃烧产物中各组分的物质的量，是未知量。另外，此问题中燃烧室压强 p_c 是已知量。实际上，压强是由气氧与气氢各自的质量流量以及喷管的喉部面积决定的(请回顾第3章的内容，思考和给出依据)，而反过来上述质量流量又由喷注孔两侧的压强与流通面积决定。至此，归纳以下问题：在给定 n 和 p_c 的前提下，找出 T_c 以及 $\{\alpha,\beta,\chi,\delta,\varepsilon,\phi\}$ 的数值。

为确定 $\{\alpha,\beta,\chi,\delta,\varepsilon,\phi\}$ 这 6 个未知量，从数学角度考虑，需要 6 个联立方程。首先可以想到的建立方程的依据是：氢与氧各自的原子总数在反应前后相等。对于一般情况，表述为反应前后原子的种类和数量都相等，即元素守恒定律。这是化学反应的粒子层次决定的。对氢元素和氧元素，分别列写守恒式为

$$H: \quad 2 = 2\alpha + 2\beta + \chi + \delta \tag{4-17}$$

$$O: \quad 2n = \alpha + \chi + 2\varepsilon + \phi \tag{4-18}$$

若燃烧产物是处于化学平衡状态的，依据化学平衡态满足的质量作用定律，将给出另外 4 个方程。这 4 个方程建立起基与其他非基组分的分压强之间的联系，以平衡常数的形式包含每个反应的化学计量系数的影响。例如，

$$H_2 + O_2 \longrightarrow 2OH \quad K_{p,OH}(T_c) = \frac{(p_{OH})^2}{p_{H_2}p_{O_2}} \tag{4-19}$$

$$H_2 \longrightarrow 2H \quad K_{p,H}(T_c) = \frac{(p_H)^2}{p_{H_2}} \tag{4-20}$$

$$H_2 + \frac{1}{2}O_2 \longrightarrow H_2O \qquad K_{p,O_2}(T_c) = \frac{p_{H_2O}}{p_{H_2}(p_{O_2})^{1/2}} \tag{4-21}$$

$$H_2 + O \longrightarrow H_2O \qquad K_{p,O}(T_c) = \frac{p_{H_2O}}{p_{H_2} p_O} \tag{4-22}$$

式中，p_* 为在燃烧产物的混合气体中某种组分(由下标*指明)的分压强，以 atm 为单位；$K_{p,*}(T_c)$ 为温度 T_c 的函数的平衡常数。

如前文所述，实际操作中取哪些反应式来使方程组达到封闭状态有一定的选择自由度，只要满足基的选择要求即可。如在上述示例中，预期的主要产物是 H_2O，又故意使燃料有富余($n<1/2$)，从而产物中有 H_2 稳定存在，故选择基为 H_2O 与 H_2，其他组分(O_2, O, OH, H)都是少数组分。

如下选取反应式的做法较好：反应式中仅有一个占比为少数的组分。如此将使迭代计算过程易于从仅有主要组分初始值的情况起步。回顾前文，式(4-20)~式(4-22)都满足以上准则，而式(4-19)不满足。在式(4-19)中，有两个少数组分(O_2, OH)。可通过式(4-19)与式(4-21)的线性运算来消去其中的一个少数组分 O_2，得到

$$H_2 + 2OH \longrightarrow 2H_2O \qquad K_{p,OH}(T_c) = \frac{(p_{H_2O})^2}{p_{H_2}(p_{OH})^2} \tag{4-23}$$

如符号所指示，平衡常数仅是温度的函数，可依式(4-15)由标准热力学函数来计算。例如，对于式(4-21)所示反应，由标准热力学函数计算其化学反应平衡常数为

$$K_{p,O_2}(T_c) = \exp\left[-\frac{G_{M,H_2O}^{\ominus}(T_c) - G_{M,H_2}^{\ominus}(T_c) - \frac{1}{2}G_{M,O_2}^{\ominus}(T_c)}{RT_c}\right]$$

现在回来讨论式(4-20)~式(4-23)，遵照道尔顿分压定律和式(4-16)，生成物中每种组分的分压都可用系数集 $\{\alpha, \beta, \chi, \delta, \varepsilon, \phi\}$ 与给定的总压强 p_c 来表示。

$$\sigma = \alpha + \beta + \chi + \delta + \varepsilon + \phi \tag{4-24}$$

$$p_{H_2O} = \frac{\alpha}{\sigma} p_c, \cdots, p_O = \frac{\phi}{\sigma} p_c \tag{4-25}$$

至此可以说，若给定温度 T_c 和压强 p_c，就可求解包含 $\{\alpha, \beta, \chi, \delta, \varepsilon, \phi\}$ 这 6 个未知量的方程，也就确定了燃烧产物的组分。那么，如何确定 T_c 和 p_c 呢？如前文所述，压强 p_c 与质量流量 $\dot{m}$、喉部面积 A_t 以及特征速度 c^* 有如下关联：

$$\dot{m} = \frac{p_c A_t}{c^*(T_c)}$$

但是在火箭发动机设计中，压强 p_c 并非单纯依据上式来计算出，而是综合了包括上式在内的多种约束的选定值。

至于 T_c 的确定，根据前文所述的燃烧过程能量守恒原理，推进剂转化成压强为 p_c、温度为 T_c 的燃气，假设燃气是理想气体混合物，其焓仅是温度的函数，故式(4-16)所对应的能量守恒关系为

$$0 = \alpha H_{M,H_2O}(T_c) + \beta H_{M,H_2}(T_c) + \chi H_{M,OH}(T_c) \\ + \delta H_{M,H}(T_c) + \varepsilon H_{M,O_2}(T_c) + \phi H_{M,O}(T_c) \tag{4-26}$$

式中，$H_{M,*}(T_c)$ 为组分在温度为 T_c 的生成焓，在标准热力学数据库中以温度 T 的函数的形式给出。

至此，若已知 $\{\alpha, \beta, \chi, \delta, \varepsilon, \phi\}$，即可求解 T_c。

一般而言，平衡常数以及摩尔焓都是温度 T_c 的非线性函数，这表明不能给出关于上述 7 个未知量的联立方程组的解析解，而只能采用迭代的、数值计算的途径求解。迭代计算需要部分未知量的初始猜测值。按照期望，燃烧产物中的主要成分是 H_2O 和 H_2，故作为初步估计，可设 $\chi = \delta = \varepsilon = \phi = 0$，由式(4-17)和式(4-18)得到 $\alpha \approx 2n$ 及 $\beta \approx 1-2n$。由此起步进入迭代过程，可计算 χ 与 δ 的新的估计值。至于 ε 和 ϕ，根据混合物富燃的性质，始终认为其值均为零。

接下来计算 χ 与 δ 的新的估计值。首先，由式(4-23)给出

$$K_{p,OH}(T_c) = \frac{\alpha^2}{\beta \chi^2} \frac{\sigma}{p_c} \tag{4-27}$$

$$K_{p,OH}(T_c) = \exp\left[-\frac{2G^{\ominus}_{M,H_2O}(T_c) - 2G^{\ominus}_{M,OH}(T_c) - G^{\ominus}_{M,H_2}(T_c)}{RT_c}\right] \tag{4-28}$$

注意到 $\sigma = \alpha + \beta = 1$ 以及 $\alpha \approx 2n$ 和 $\beta \approx 1-2n$，得

$$\chi^2 = \frac{(2n)^2}{1-2n} \frac{1}{p_c} \frac{1}{K_{p,OH}(T_c)} \tag{4-29}$$

其次，由式(4-20)给出

$$K_{p,H}(T_c) = \frac{(p_H)^2}{p_{H_2}} = \left(\frac{\delta}{\sigma} p_c\right)^2 \frac{1}{\frac{\beta}{\sigma} p_c} = \frac{\delta^2}{\beta \sigma} p_c \tag{4-30}$$

$$K_{p,H}(T_c) = \exp\left[-\frac{2G^{\ominus}_{M,H}(T_c) - G^{\ominus}_{M,H_2}(T_c)}{RT_c}\right] \tag{4-31}$$

$$\delta^2 = \beta K_{p,H}(T_c) \frac{\sigma}{p_c} \tag{4-32}$$

现在需要 T_c 的估计值，这可由式(4-26)给出。首先由标准热力学数据库读出

$$\Delta H_{f,H_2O(g)}^{\ominus} = -241.826 \text{kJ/mol}$$

对于比热容，认定燃烧产物的温度不会超过 3500K，且用 300～3500K 的平均值作为近似常量，其值分别为

$$c_{p,H_2} = \frac{c_{p,H_2}(300K) + c_{p,H_2}(3500K)}{2}$$

$$= \frac{28.850 + 38.145}{2} \text{J/(mol·K)} = 33.498 \text{J/(mol·K)}$$

$$c_{p,H_2O} = \frac{c_{p,H_2O}(500K) + c_{p,H_2O}(3500K)}{2}$$

$$= \frac{35.218 + 57.065}{2} \text{J/(mol·K)} = 46.141 \text{J/(mol·K)}$$

如前文所述，假设进入燃烧室的气氢和气氧温度都是 $T_i \approx 298K$，在式(4-26)中代入上述已知量的数值后给出

$$0 = 2n[46.141(T_c - 298) + (-241.826 \times 10^3)] + (1-2n)[33.498(T_c - 298)]$$

据上式将 $T_c - 298$ 作为未知量求解为

$$T_c - 298 = \frac{4.83652 \times 10^5 n}{33.498 + 25.286n}$$

至此，仅需要给定 n 的数值来启动迭代计算过程即可。若取 $n = 0.25$，等价于完全的化学反应计量比值的 1/2，即氧和氢的质量比为 4（实际火箭发动机上更多地采取质量比为 5），可得 $T_c = 3335K$。这样获得的第一次估计值为

$$\alpha = 0.5, \beta = 0.5, \chi = 0, \delta = 0, T_c = 3335K$$

对应于温度 $T_c = 3335K$，化学反应平衡常数为

$$K_{p,OH}(3335K) = \exp\left[-\frac{2 \times (-1071.8) - 2 \times (-728.6) - (-588.58)}{8.314 \times 3335 \times 10^{-3}}\right] = 34.054$$

$$K_{p,H}(3335K) = \exp\left[-\frac{2 \times (-268.84) - (-588.58)}{8.314 \times 3335 \times 10^{-3}}\right] = 0.1595$$

接下来，对于 $p_c = 100\text{atm}$，由式(4-29)计算 χ 的新估计值为 0.012；由式(4-32)计算 δ 的新估计值为 0.028。由式(4-17)和式(4-18)计算 α 与 β 的新估计值为

$$\alpha = 2 \times 0.25 - 0.012 = 0.488$$
$$\beta = (2 - 2 \times 0.488 - 0.012 - 0.028)/2 = 0.492$$

此时燃烧反应的化学式变为

$$H_2 + 0.25O_2 \longrightarrow 0.488H_2O + 0.492H_2 + 0.012OH + 0.028H$$

对应上式的能量守恒方程，可求解出更精确的温度 T_c。当然，相比于第一次估计温度，现在需要更多组分（新增加的份额不为零的 H 和 OH）的热物性数据。直接从标准热力学数据库中读出

$$\Delta H_{f,OH}^{\ominus} = 38.99 \text{kJ/mol}, \quad \Delta H_{f,H}^{\ominus} = 217.998 \text{kJ/mol}$$

对于 OH 和 H 的比热容，亦用 300～3500K 的平均值作为近似常量，其值分别为

$$c_{p,H} = 20.786 \text{J/(mol·K)}$$

$$\begin{aligned} c_{p,OH} &= \frac{c_{p,OH}(300\text{K}) + c_{p,OH}(3500\text{K})}{2} \\ &= \frac{29.975 + 37.390}{2} \text{J/(mol·K)} = 33.683 \text{J/(mol·K)} \end{aligned}$$

代入已知量的数值，能量守恒方程形式为

$$0 = 0.488[46.141(T_c - 298) + (-241.826 \times 10^3)] + 0.492[33.498(T_c - 298)]$$
$$+ 0.012[33.683(T_c - 298) + (38.99 \times 10^3)] + 0.028[20.786(T_c - 298) + (217.998 \times 10^3)]$$

解得 $T_c = 3085\text{K}$。至此获得的第二次估计值为

$$\alpha = 0.488, \beta = 0.492, \chi = 0.012, \delta = 0.028, T_c = 3085\text{K}$$

迭代过程示例止于此。

观察迭代过程中各未知量的估计值的变化，可体会化学平衡移动原理：温度 T_c 的第一个估计值偏高，是由于忽略了 H_2O 与 H_2 的吸热分解（生成 OH 与 H）；而温度 T_c 的第二个估计值又偏低，是由于过高估计了 H_2O 与 H_2 的分解。因为 OH 与 H 的份额的新估计值是根据较高温度下的化学平衡条件计算的，而温度升高时，化学平衡向吸热反应增强的方向移动。上述迭代方法造成温度 T_c 估计值序列的大幅度振荡，使收敛过程较慢。可以采取欠松弛策略，即在下一步计算成分份额时，使用对应于温度的前两次估计值的算术平均值去计算平衡常数。如此计算平衡常数的温度为

$$T_c \approx \frac{1}{2} \times (3335 + 3085)\text{K} = 3210\text{K}$$

4.3 比热容的温度和分子结构相关性

前文已经指出，将比热容视为常量只是一种简化处理。真实的情况是，比热容随温度升高而增大，而且这种增长不是线性的。一般而言，较精确估计热力状态参数的计算要求将涉及的温区划分为若干小区间，在每一个小区间内使用一个代表性温度值，从热

物性表中查取与该温度值对应的比热容或者比焓。然而，从深化对燃烧现象的认识途径来看，仅知晓上述趋势是不够的，还应该定性理解比热容为何如此变化。

欲完全理解比热容随温度变化的规律，必须具备统计热力学的若干知识。统计热力学从微观视角描述物质的热行为。本课程不展开对统计热力学知识的系统阐述，仅引出一些基本概念和概括一些需要用到的结果。

从微观视角来看，气体总的热运动能量(简称为热能)可表达为所有分子的平动能、转动能、振动能和电子能之和。分子平动能可用三个平动速度分量的平方和来表示。双原子分子以及多原子分子存在分子绕三个空间轴的转动，可用三个转动角速度的平方和来表示转动能。双原子分子以及多原子分子中存在原子相对于平衡位置的振动，对应的振动能包括原子直线运动的动能以及与原子偏离平衡位置的位移有关的弹性势能，可用两个平方项之和来表示。分子热能中的电子能源于电子绕核运动的动能和电子在电磁场中所处位置对应的势能。由于电子运动具有复杂性，无法用宏观运动描述中的某些状态参数的平方项来表示电子能。

在统计热力学中使用微观态和宏观态这样的术语。前文已经列举了从微观视角看到的与热能有关的气体微观运动形式，可以理解能量不能完全区分气体的微观状态差别。压强、总能量或者体积这样的性质都仅指定气体的一个宏观态。与此对照，要指定气体的一个微观态，就需要给出气体中每一个分子的平动速度、转动角速度、原子偏离平衡位置的直线运动速度和位移，以及电子的微观位形参数。通常不可能测量出气体处于哪一个微观态，但可以测量出气体所处的宏观态，如压强为 10^5 Pa，体积为 $1 m^3$，等等。另外，大量不同的微观态可以对应于相同的一个宏观态。以热能大小来分辨气体的状态就出现上述结果：有大量的微观态对应于同一个热能态。

根据前文描述，分子的各热能模式都可以表示为位移或者速度分量的平方和，故可认为各热能模式之间近似独立。根据量子力学理论，分子的各热能模式都是量子化的，其可取的量值是可列数的。因此，分子或者气体具有某个量值的热能的概率是有大小的。

记气体与一个大热源接触而获得确定的温度为 T，气体因为微观态起伏而可能具有不同的总热能，其具有量值为 E 的总热能的概率(记为 $P(E)$)与温度的关系为

$$P(E) \propto e^{-\frac{E}{\kappa_B T}} \tag{4-33}$$

式中，$\kappa_B = 1.38065 \times 10^{-23}$ J/K 是玻尔兹曼常量。气体有适当的概率处于能量小于 $\kappa_B T$ 的宏观态，也有很小的概率处于能量远大于 $\kappa_B T$ 的宏观态。按照统计热力学的观点，将气体的热能定义为一个统计量，表示为

$$U = \frac{\sum_i E_i e^{-E_i/(\kappa_B T)}}{\sum_i e^{-E_i/(\kappa_B T)}} \tag{4-34}$$

式中，求和指标(i)遍取气体的可列数的热能态。式(4-34)所定义的热能称为最可几宏

观态热能(很多场合也不严谨地称为平均热能),可以根据统计热力学理论给出解析表达式。

实际上在火箭发动机正常工况,燃烧温度 $T_c < 4000K$,气体热能中的电子能所占份额很小,可以忽略。下面区别气体分子结构,分析比热容随温度变化的情形。

1. 双原子分子气体

考虑最简单的非平凡情形:几何构型上将双原子分子看成哑铃;力学模型上将其视为一根弹簧的两端连接着不相等的质量块,弹簧可沿着过两端质心的直线伸缩。按照统计热力学的理论,忽略电子能之后,1 单位质量的双原子分子气体的热能为

$$U = \frac{3}{2}RT + RT + \frac{R\theta_v}{e^{\theta_v/T}-1} \tag{4-35}$$

式中,θ_v 为振动特征温度。

当 $\theta_v \gg T$ 时,可以忽略振动能。气体分子总的热运动能量可表达为平动分速度分量和转动角速度分量的平方项之和。每一个平方项称为气体的一个模。在所感兴趣的温度范围内,如同能量均分定理给出的结果,一个双原子分子在整体上具有 3 个平动模和 2 个转动模,每个模都具有 $\kappa_B T/2$ 的最可几热能。之所以只有 2 个转动模,是因为绕质心连线旋转的模的转动惯量太小,可忽略不计。因此,双原子分子气体的比热比 $\gamma = 7/5 = 1.4$。

在较高的温度下,分子的振动能项变得重要,显现为比定容热容随温度升高而不规则增大的现象。真实分子的能量迁移是量子化的,故在足够低的温度下,以至于一份能量量子已经大于一个分子的某个模所能获得的平均热能($\kappa_B T/2$),此时气体无法再满足各态遍历假设,能量均分定理也就失效了。因此,能量均分定理仅在相对高温下有效,这就可以解释式(4-35)中的振动能项与平动能、转动能项的表达式不同。通常,平动和转动的能量量子很小,以至于在几乎所有情况下都可将这两个模视为完全激发的。与此形成对照,如氧分子的振动特征温度为 $\theta_{v,O_2} = 2270K$,故一般仅当温度高于振动特征温度以后,才将振动模视为完全激发的。当 $\theta_v \approx T$ 时,对式(4-35)等号右手侧第三项的分母按级数展开并取一阶近似,可得 1 单位质量气体的内能(热能)趋近于 $7RT/2$,且 $\gamma = 9/7 = 1.286$。

2. 多原子分子气体

绝大部分多原子分子的原子排布是非线性的,故其比双原子分子多 1 个转动模,在较低温度下(分子振动能可以忽略)的 1 单位质量气体热能为 $6RT/2 = 3RT$,比热比 $\gamma = 1.333$。

若所含原子的数目很大,多原子分子的振动能的显现程度可以非常复杂。估计其内能的一个可用规则是:将所含原子视为独立原子的系统自由度之和,减去作为一个分子的平动模与转动模,所得数的 2 倍数作为计算内能时使用的振动模的数目。例如,分子

中含 N 个原子，视其振动模数目为 $2\times(3N-6)$。所有模完全激发时的气体比定容热容为
$$c_v = 6R/2 + (3N-6)R = (3N-3)R$$
相应地，比热比为
$$\gamma = \frac{3N-2}{3N-3}$$
显见，N 增大时比热比趋向于 1。

4.4 喷管流动中的热化学

若已经确定火箭发动机燃烧室产生的气体的组分，拟进一步计算其在喷管中流动经历的状态参数变化，就需要考虑压强下降过程中发生的化学反应现象。其中三点是基于固定组分的热完全气体行为规律的简化模型无法反映的。第一点是气体的组分与份额可能不再保持固定，因而所有与组分相关的物性参数都应该被视为变量，随流动位置变化。具有这种性质的物性参数包括比热容、气体常数 R 以及比热比 γ。第二点是气体的焓与动能之和不再保持为常数，因为可能发生化学键能与热能之间的转换。但是，若对所有成分的焓值计算都计及生成焓，即将零焓值的起算点定为元素的标准状态，这样的焓与动能之和仍是守恒的。第三点是由于发生了化学键能与动能之间的转换，流体的熵可能发生变化。幸运的是，在一些重要的特殊场合，可以忽略熵的变化。

为了定量地考虑上述全部效应，可采取如下方式。

首先，明确燃烧室条件，通过指定温度 T_c、压强 p_c 以及各种组分的质量分数 x_i 或者摩尔分数 y_i 来实现。给定上述参数，即可计算单位质量气体的所有热力学参数：
$$H_c = \sum x_i H_i, \quad H_i = [\Delta h_i(T_c) + \Delta H_{f,i}^{\ominus}]/M_i$$
$$S_c = \sum x_i S_i, \quad S_i = S_i^{\ominus} + \int_{T_0}^{T_c} c_{p,i} \frac{\mathrm{d}T}{T} - R_i \ln\left(\frac{p_i}{p^{\ominus}}\right)$$
式中，H_i 和 H_c 分别为单位质量的成分 i 与混合物气体的焓值；$\Delta H_{f,i}^{\ominus}$ 为成分 i 的标准摩尔生成焓；$\Delta h_i(T_c)$ 为温度为 T_c 的成分 i 超过其在参考温度 $T_{ref} = 298.15\mathrm{K}$ 的比焓的量；S_i、$c_{p,i}$ 分别为成分 i 的单位质量的熵和单位质量的比热容；$S_i^{\ominus}$ 为成分 i 的单位质量的标准状态熵。熵的计算式利用了理想气体的状态方程 $p = \rho RT$ 与热值方程 $\mathrm{d}H = c_p \mathrm{d}T$。此外，质量分数 x_i 满足归一化条件：
$$\sum x_i = 1$$
其次，根据能量守恒定律关联热力学状态参数与运动量：
$$H_c = H(T,p) + \frac{u^2}{2} \tag{4-36}$$

作为对比，式(4-36)替代的量热完全气体的能量守恒方程形式为

$$c_p T_c = c_p T + \frac{u^2}{2}$$

这里还必须对熵变做说明。一般来说，从化学键能向热能的转化都是以有限速率发生的，通常伴随熵产导致熵的增大。但是，有两种情况下的熵增是非常微小的：一种是即时化学平衡流动；另一种是冻结流动。

即时化学平衡流动是如下流动的很好近似：化学反应速率很大，以至于气体成分的变化跟得上膨胀导致的压强与温度降低(用时间量来表征，就是流动特征时间远大于化学反应特征时间)。因此，化学能的转化在无限小的时间间隔 ΔT 内完成，熵是守恒的，表示为

$$S = \sum x_i(T,p) S_i(T,p) = S_c \tag{4-37}$$

式中的质量分数 x_i 就是由与当地温度和压强 (T,p) 相适应的化学平衡决定的。重新根据当地的 (T,p) 计算这些质量分数当然是单调乏味的，但从概念上讲与燃烧室内的状态计算没有多大差别。当然差别确实存在，因为多了速度这个变量，焓不再单独守恒，增加了等熵的约束条件。

冻结流动是如下流动的很好近似：化学反应速率很小，以至于气体成分固定为燃烧室的状态(用时间量来表征，就是流动特征时间远小于化学反应特征时间)。这种情况下没有化学能的变化，熵的守恒形式表示为

$$S = \sum x_i(T_c, p_c) S_i(T,p) = S_c \tag{4-38}$$

上述两种情况分别给出了指定局部压强 p 的气体流动速度 u 的上限和下限，因为在即时化学平衡流动中，对应于压强降低的化学平衡移动最大限度地释放了化学能，使可转化为动能的热能最大；反之，在冻结流动中，对应于指定局部压强 p 的气体流动速度最小。

在上述计算中，指定温度和压强 (T,p) 的混合气体中的某一成分 i 的单位质量的熵 S_i 与单位物质的量的熵 s_i 之间关联为

$$S_i(T,p) = \frac{s_i(T,p)}{M_i}$$

$$s_i(T,p) = s_i^{\ominus}(T) - R \ln p_{i,\text{atm}}, \quad p_{i,\text{atm}} = y_i p \tag{4-39}$$

式中，$p_{i,\text{atm}}$ 为某成分 i 的以 atm 为单位的分压强。单位物质的量的熵 $s_i^{\ominus}(T)$ 的数值可从标准摩尔熵表中查得，标准摩尔熵的压强条件是 $p^{\ominus} = 1\text{atm}$。

能量守恒和熵守恒都是针对单位质量来计算的，即固定质量的气体的总能量和总熵守恒，因为在气体流动过程中物质的量并非守恒量。某一成分 i 的质量分数与摩尔分数之间的换算关系如下：

$$x_i = \frac{y_i M_i}{\sum y_i M_i}, \quad y_i = \frac{x_i / M_i}{\sum x_i / M_i}$$

例如，混合气体组成式为 $H_2 + H_2O$，

$$y_{H_2} = \frac{1}{2}, \quad y_{H_2O} = \frac{1}{2}$$

$$x_{H_2} = \frac{\frac{1}{2} \times 2}{\frac{1}{2} \times 2 + \frac{1}{2} \times 18} = \frac{1}{10}, \quad x_{H_2O} = \frac{\frac{1}{2} \times 18}{\frac{1}{2} \times 2 + \frac{1}{2} \times 18} = \frac{9}{10}$$

以上就是确定喷管中燃气热力学状态参数所需要的全部关系式。

由给定的温度 T_c 和压强 p_c 出发，计算喷管流动速度和热力学状态参数的步骤如下。

(1) 计算 $x_i(T_c, p_c)$ 以及 S_c, H_c。

(2) 选择一个压强 $p < p_c$。可将压强 p 视为独立变量，找出其他各变量作为压强的函数。若要计算喷管出口处的参数，则令气流压强等于出口压强，$p = p_e$。

(3) 区分采用的模型是即时化学平衡流动还是冻结流动，分别补充方程(4-37)或者方程(4-38)计算气流温度。注意它们与比热容为常量的量热完全气体模型的区别。对于量热完全气体，温度和压强具有简单关联式 $T/T_c = (p/p_c)^{(\gamma-1)/\gamma}$。

对于冻结流动，$x_i(T, p) = x_i(T_c, p_c)$ 是已知量，方程(4-38)中只有温度 T 是未知量，但由于 $S_i(T, p)$ 是非线性函数，故仍需要迭代求解。注意对照：在燃烧室气体参数计算中，是由焓守恒即能量守恒方程求解温度的。

对于即时化学平衡流动，熵守恒方程仍然是成立的，$S = S_c$，但由于气体的组成发生了变化，$\{x_i\}$ 是未知量，必须同步联立求解元素守恒与化学平衡方程。简明步骤如下。

① 设定一个温度 T。

② 利用元素守恒和化学平衡方程，计算对应上述温度的气体混合物组成 $\{y_i\}$（以及 $\{x_i\}$）。

③ 利用熵守恒方程(4-37)，对温度 T 进行迭代，直到获得某个温度，当前组分和温度下的气体混合物的熵与燃烧室内的熵相等。

(4) 不论对冻结流动还是即时化学平衡流动，由已知的温度 T 与成分 $\{x_i(T, p)\}$ 都可以计算当前气体混合物的热焓 $H(T, p)$，再依动能和热能联合守恒方程计算流动速度为

$$u = \sqrt{2[H_c - H(T, p)]}$$

步骤(1)~(4)可用以确定相应压强 p 的喷管内截面处气体的热力学状态参数及流动速度 u。有了 T, p, u 这些参数，就可以计算气体密度 ρ 和质量流量密度 ρu；在指定总的质量流量 $\dot{m} = A\rho u$ 前提下，还可以确定喷管截面积 A。特别是，在 $p_c/2$ 前后取若干离散的压强点，计算并绘制 ρu 随压强 p 变化的图像，可以找出使 ρu 取得最大值的压强，它就是喉部压强 p_t，而且根据燃烧室压强 p_c 与喉部质量流量密度 $(\rho u)_t$ 可以确定特征速度：

$$c^* = p_c / (\rho u)_t$$

当然，现在已经有标准化的计算机程序来完成上述计算过程。尽管由于需要考虑数值计算稳定性等问题而相当复杂，那些计算机程序都遵循了前文所述的大致逻辑框架，读者无须知晓细节。网上可以搜索到针对航空航天领域热化学问题的计算机程序。

4.5 产物成分确定的进一步说明

根据化学势的原始定义，化学平衡态燃烧产物浓度是温度、压强和成分的函数。对于火箭推进剂的燃烧能量和产物特性计算，可以由初始的余氧系数来设定产物成分和需要考虑的化学反应。

一般性地考虑 C、H、O、N 系统。

(1) 对于富氧的情况，基本产物是 CO_2、H_2O、O_2、N_2。

在 $p_c = 20\text{atm}$ 和 $T_c > 2500\text{K}$ 条件下，须考虑 CO_2 和 H_2O 的解离反应为

$$CO_2 \rightleftharpoons CO + \frac{1}{2}O_2$$

$$H_2O \rightleftharpoons H_2 + \frac{1}{2}O_2$$

$$H_2O \rightleftharpoons \frac{1}{2}H_2 + OH$$

在 $p_c = 20\text{atm}$ 和 $T_c > 2800\text{K}$ 条件下，须考虑 O_2 和 H_2 的解离反应为

$$O_2 \rightleftharpoons 2O$$

$$H_2 \rightleftharpoons 2H$$

在 $p_c = 20\text{atm}$ 和 $T_c > 3000\text{K}$ 条件下，氮开始参与反应。NO 的生成反应为

$$\frac{1}{2}N_2 + \frac{1}{2}O_2 \rightleftharpoons NO$$

$$\frac{1}{2}N_2 + H_2O \rightleftharpoons NO + H_2$$

在 $p_c = 20\text{atm}$ 和 $T_c > 3600\text{K}$ 条件下，氮分子的解离反应为

$$N_2 \rightleftharpoons 2N$$

(2) 对于富燃(贫氧)的情况，基本产物是 H_2O、H_2、CO_2、CO、N_2。上述产物由对压强不敏感的水煤气反应决定平衡成分，反应式为

$$CO_2 + H_2 \rightleftharpoons H_2O + CO$$

对于四氧化二氮与肼类组合，实验观察到存在燃烧产物中 NO 和 NH_3 偏离理论平衡态浓度的现象，并将其归因于化学动力学的作用。这是初始的余氧系数影响实际平衡态产物成分和热焓的一个实例。在富燃环境中，肼的平衡燃烧(标记 E.C.)与非平衡燃烧(标记 P.E.C.)的反应式分别为

$$N_2H_4(l) \longrightarrow N_2 + 2H_2 \quad (E.C.)$$

$$N_2H_4(l) \longrightarrow NH_3 + \frac{1}{2}N_2 + \frac{1}{2}H_2 \quad (P.E.C.)$$

在富氧环境中,四氧化二氮的平衡燃烧(标记 E.C.)与非平衡燃烧(标记 P.E.C.)的反应式分别为

$$N_2O_4(l) \longrightarrow N_2 + 2O_2 \quad (E.C.)$$

$$N_2O_4(l) \longrightarrow 2NO + O_2 \quad (P.E.C.)$$

思考与练习题

4-1 在计算如式(4-16)所示燃烧的平衡产物的迭代过程中,分别用 $T_c = 3085K$ 和 $T_c = 3210K$ 计算的成分份额的新估计值将具有怎样的大小关系?

4-2 硝基甲烷可作为一种单组元液体火箭推进剂,其分解的化学反应为

$$CH_3NO_2 \longrightarrow n_{CO}CO + n_{CO_2}CO_2 + n_{H_2}H_2 + n_{H_2O}H_2O + n_{N_2}N_2$$

不考虑解离(分解产物的分子进一步断键形成原子)以及电离(原子得失电子形成带电粒子),认为其分解产物中只存在水煤气反应,表示为

$$H_2O + CO \rightleftharpoons H_2 + CO_2$$

试确定平衡态分解产物的温度、平均分子量、比热比和特征速度。

第5章 固体火箭发动机内弹道学

固体火箭发动机的装药燃速、燃气质量生成速率、燃烧室平衡压强以及它们随推进剂初温的变化特性等称为内弹道学性质。

本章在描述上述性质时,不涉及燃烧的热化学动力学;将燃烧室内的气体视为始终处于热力学参数匀一的状态,即空间分布上是零维的;对燃速、初温效应等的关联式也采取唯象而非机理式的描述。所谓唯象式,就是根据经验、试验数据归纳出规律的方式。

5.1 概 述

图 5.1 为固体火箭发动机过对称轴的纵剖面,图中 A_b 表示装药的燃面面积,r 表示燃面退缩的速率,V_c 表示燃面与喷管入口之间的容积。

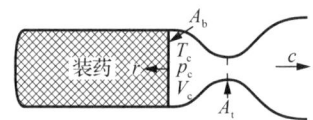

图 5.1 固体火箭发动机装药与燃气参数示意图

火箭用固体推进剂的突出特征是燃料与氧化剂预混在一起并呈固态。某典型推进剂的大致组成如表 5.1 所示。

表5.1 典型推进剂的大致组成

成分名	质量分数/%
聚丁二烯	14
铝粉	16
高氯酸铵	70

上述成分的原料被以搅拌方式掺混在一起,即晶粒状的高氯酸铵(NH_4ClO_4)、粉末状的铝弥散在流塑性的黏结剂(聚丁二烯)基体中。这种混合物填充到特定形状的模具中(此过程称为浇铸),在黏结剂固化后形成药柱。固体火箭发动机工作时,化学反应在药柱表面上发生而使该处的固体转化(经历分解和气化阶段)为燃气,如此导致燃面退缩的速率为

$$r = a p_c^n \tag{5-1}$$

式中,a 和 n 都是经验系数,a 称为燃速的幂前因子,n 称为燃速的压强指数。推进剂药柱燃烧时,在其表面处发生的过程很复杂,包括通过传导、对流和辐射途径从燃气向药

柱的传热，药柱中各组分的分解，分解产物的混合以及气相的燃烧等。而式(5-1)仅是一个经验拟合式，即唯象关系式，并无从基本原理导出的途径。

例如，某种固体推进剂的物性参数如下。

$$r = 6.8 \text{mm/s} @ 6.9 \times 10^6 \text{Pa}$$
$$n = 0.15$$
$$\rho_p = 1775 \text{kg/m}^3$$

相应地，比冲范围如下：

$$I_{sp} = 2600 \sim 2650 \text{ m/s} \quad (\text{地面})$$
$$I_{sp} = 2800 \sim 2950 \text{ m/s} \quad (\text{真空})$$

对于固体火箭发动机，浇铸固化的药柱一旦燃烧起来就不受外界左右，表现为 T_c、p_c、r 以及燃气的质量流率这些参数都由推进剂本身的物性以及药柱的几何构型决定。出于设计目的，首先需要掌握燃烧室稳态工作时的压强与推进剂的物性、药柱的几何构型等参数之间的关系。

5.2 平衡室压方程

假设固体火箭发动机工作在稳态时，燃气在燃烧室内的积累量可以忽略，生成与流出的燃气质量保持平衡，表示为

$$\dot{m}_p = rA_b\rho_p = \frac{p_c A_t}{c^*} \tag{5-2}$$

式(5-2)中应用了稳态工作的特征速度 c^*，定义式为

$$c^* = \frac{p_c A_t}{\dot{m}}$$

将前文给出的燃面退缩速率经验关系式代入式(5-2)，得参数关联式为

$$ap_c^n A_b \rho_p = \frac{p_c A_t}{c^*}$$

将燃烧室压强 p_c 作为求解的变量，得表示式为

$$p_c^{1-n} = ac^* \rho_p \frac{A_b}{A_t} \tag{5-3}$$

因此，给定推进剂的物性（a, n, ρ_p, c^*）和药柱的几何特征参数（A_b, A_t），就可以计算出稳定燃烧状态的燃烧室压强，这个量常称为平衡室压（记为 p_c^{eq}）；另外也可计算燃气的生成量。与喷管几何特征参数以及流动模型相结合，可计算出火箭的推力与比冲。

5.3 室压稳定条件

平衡室压 p_c^{eq} 是依赖燃面面积 A_b 的,后者对药柱几何形状改变敏感。若出现非预期的药柱几何形状变化,如图 5.2 所示的裂纹,或者药柱与壳体壁之间脱粘,都导致燃面面积增大,燃烧室压强会升高到很大的量值,甚至导致火箭爆炸。这是固体火箭发生故障的最常见原因。

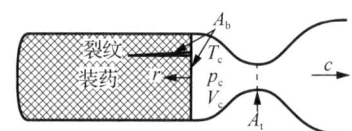

图 5.2 固体火箭发动机药柱中出现裂纹的示意图

前文已经预设存在固体火箭发动机稳定工作状态压强 p_c^{eq},但其实并非对于任意的参数 a、n、ρ_p、c^* 与 A_b、A_t 的组合,都一定存在这样的稳定工作点。为说明此论点,需要构造一个反映燃烧室压强 p_c 发展变化行为的模型,这应是一个时域微分方程。作为一阶近似,假设任一瞬间整个燃烧室内燃气压强、温度和密度都是匀一的(零维的),但上述量随时间变化,意味着燃烧室内存储的气体质量在变化,变化的根源是生成量与流出量不相等,表示为

$$\frac{\mathrm{d}(\rho_c V_c)}{\mathrm{d}t} = r A_b \rho_p - \frac{p_c A_t}{c^*} = a p_c^n A_b \rho_p - \frac{p_c A_t}{c^*} \tag{5-4}$$

假设燃气服从理想气体状态方程 $p_c = \rho_c R T_c$,并假设燃气温度 T_c 为常量,将式(5-4)整理为

$$\frac{\mathrm{d}(\rho_c V_c)}{\mathrm{d}t} = \rho_c \frac{\mathrm{d}V_c}{\mathrm{d}t} + \frac{V_c}{R T_c} \frac{\mathrm{d}p_c}{\mathrm{d}t} \quad (T_c \approx \mathrm{const})$$

$$\Rightarrow \frac{\mathrm{d}(\rho_c V_c)}{\mathrm{d}t} = \rho_c a p_c^n A_b + \frac{V_c}{R T_c} \frac{\mathrm{d}p_c}{\mathrm{d}t} \tag{5-5}$$

将式(5-5)代入式(5-4),并注意到 $\rho_p \gg \rho_c$,得

$$\frac{V_c}{R T_c} \frac{\mathrm{d}p_c}{\mathrm{d}t} = (\rho_p - \rho_c) a p_c^n A_b - \frac{p_c A_t}{c^*}$$

$$\Rightarrow \frac{V_c}{R T_c} \frac{\mathrm{d}p_c}{\mathrm{d}t} \approx a p_c^n A_b \rho_p - \frac{p_c A_t}{c^*} \tag{5-6}$$

式(5-6)就是可以近似反映燃烧室压强 p_c 发展变化行为的时域微分方程。

现在采取小扰动分析法,将燃烧室压强表示为一个常量(记为 p_{c0})叠加一个随时间变化的小量(记为 δp_c)的和:

$$p_c = p_{c0} + \delta p_c, \quad \delta p_c \ll p_{c0} \tag{5-7}$$

将式(5-7)代入式(5-6),整理得

$$\begin{aligned}
\frac{V_c}{RT_c}\frac{\mathrm{d}\delta p_c}{\mathrm{d}t} &= a(p_{c0}+\delta p_c)^n A_b \rho_p - \frac{(p_{c0}+\delta p_c)A_t}{c^*} \\
&= ap_{c0}^n\left(1+\frac{\delta p_c}{p_{c0}}\right)^n A_b\rho_p - \frac{p_{c0}A_t}{c^*}\left(1+\frac{\delta p_c}{p_{c0}}\right) \\
&\approx ap_{c0}^n\left(1+n\frac{\delta p_c}{p_{c0}}\right)A_b\rho_p - \frac{p_{c0}A_t}{c^*}\left(1+\frac{\delta p_c}{p_{c0}}\right)
\end{aligned} \tag{5-8}$$

式(5-8)的底行表达式应用了函数的泰勒展开,保留到一阶项。依前文的平衡室压关联式(5-3),不含小量 δp_c 的零阶项相互对消,结果整理为

$$\begin{aligned}
\frac{V_c}{RT_c}\frac{\mathrm{d}\delta p_c}{\mathrm{d}t} &= nap_{c0}^n\left(\frac{\delta p_c}{p_{c0}}\right)A_b\rho_p - \frac{p_{c0}A_t}{c^*}\left(\frac{\delta p_c}{p_{c0}}\right) = \left(naA_b\rho_p p_{c0}^{n-1} - \frac{A_t}{c^*}\right)\delta p_c \\
&\Rightarrow \frac{1}{\delta p_c}\frac{\mathrm{d}\delta p_c}{\mathrm{d}t} = \frac{RT_c}{V_c}\left(naA_b\rho_p p_{c0}^{n-1} - \frac{A_t}{c^*}\right)
\end{aligned} \tag{5-9}$$

式(5-9)等号右手侧括号内的表达式大于零时压强扰动量值单方向增长,故稳定的条件是括号内的表达式小于零。再次应用平衡室压关联式(5-3),将式(5-9)化简为

$$naA_b\rho_p p_{c0}^{n-1} - \frac{A_t}{c^*} = \frac{naA_b\rho_p}{ac^*\rho_p\frac{A_b}{A_t}} - \frac{A_t}{c^*} = (n-1)\frac{A_t}{c^*}$$

$$\Rightarrow \frac{1}{\delta p_c}\frac{\mathrm{d}\delta p_c}{\mathrm{d}t} = -\frac{RT_c}{V_c}(1-n)\frac{A_t}{c^*} \tag{5-10}$$

式(5-10)简明直接地表明燃烧室压强稳定的条件是 $n<1$。同时,变量 δp_c 作为时间函数的形式是指数函数,相应的特征时间为

$$t_{\text{growth}} \approx \frac{c^*V_c}{(1-n)RT_cA_t} = \frac{1}{1-n}\frac{\rho_c V_c}{\dot{m}} \approx \frac{t_{\text{residence}}}{1-n}$$

对于固体推进剂的典型量值 $n=0.2\sim0.6$,上述特征时间约为 1ms,这是远小于大多数固体火箭发动机的数十秒的工作时间的。因此,若 $n<1$,该固体火箭发动机将在 1ms 量级的时间内从压强扰动中恢复到正常工作状态。反之,若 $n>1$,该固体火箭发动机将在同样的时间尺度内爆炸。

5.4 燃速的初温敏感度

前文已经给出固体推进剂燃速的经验拟合式，其中 a 和 n 取决于推进剂的化学组成和初始温度。对于特定的推进剂，它们只是初始温度的函数。

引入一个特性参数——恒压下燃速的初温敏感系数（记为 σ_p），定义为

$$\sigma_p = \frac{1}{r}\left(\frac{\partial r}{\partial T}\right)_p = \left[\frac{\partial (\ln r)}{\partial T}\right]_p \tag{5-11}$$

忽略初温对燃速的压强指数 n 的影响，将式(5-1)代入式(5-11)整理为

$$\sigma_p = \left(\frac{\partial \ln a}{\partial T}\right)_p \tag{5-12}$$

既然推进剂初温影响燃速的幂前因子 a，由平衡室压的关联式(5-3)可知，初温影响平衡室压。为此，引入室压的初温敏感系数（记为 π_K），定义为

$$\pi_K = \frac{1}{p_c}\left(\frac{\partial p_c}{\partial T}\right)_K = \left[\frac{\partial (\ln p_c)}{\partial T}\right]_K \tag{5-13}$$

式中，下标"K"为常值的条件表示推进剂的燃面面积和喷管是固定几何尺寸的，其定义为

$$K = \frac{A_b}{A_t} \tag{5-14}$$

根据平衡室压的关联式(5-3)，推进剂密度 ρ_p 和燃气的特征速度 c^* 均为常量。若认为燃速的幂前因子 a 仅是温度的函数，将式(5-3)两端在 K 为常值条件下对温度取微分，可得

$$\pi_K = \frac{\sigma_p}{1-n} \tag{5-15}$$

式(5-15)成立需满足 K、ρ_p、c^* 为常量，而不仅仅 K 为常值。上述条件是否满足，可以通过观察 p_c / r 的测试数据来判断。

在实践中，可采用 K 为常值条件下室压的初温敏感系数来估计不同温度环境中的平衡室压。估计式表示为

$$\ln p_c = \ln p_{c0} + \pi_K (T_b - T_{b0})$$

式中，p_{c0} 为已知初温为 T_{b0} 时的平衡室压；T_b 为待估计室压的环境温度。

细致观察推进剂燃速测量数据的 $\ln r$-$\ln p_c$ 图像可见，即使固定推进剂的初温，燃速随压强的变化曲线也呈现下凹的现象。这提示燃速的压强指数 n 还是受到压强本身影响的，而不仅是初始温度。计及这个机理来估计不同温度环境中的平衡室压，将式(5-3)两端在 K 为常值条件下取微分，可得

$$d[(1-n)\ln p_c] = d(\ln a) = \left(\frac{\partial \ln a}{\partial T}\right)_p dT \tag{5-16}$$

当在较小的初温变化区间上将初温敏感系数视为常量时，可得估计式为

$$(1-n)\ln p_c = (1-n_0)\ln p_{c0} + \sigma_p(T_b - T_{b0}) \tag{5-17}$$

如对一个采用添加高氯酸铵复合改性双基推进剂的固体火箭发动机，已知推进剂初温为 20℃时的平衡室压为 28atm，则可确定初温为 38℃时的平衡室压。已知恒压下燃速的初温敏感系数近似为常量，在所考虑的温度范围内可取 $\sigma_p = 0.018\text{K}^{-1}$；燃速的压强指数受压强影响的近似关系为

$$n = \begin{cases} 0.38, & 5\text{atm} < p_c < 10\text{atm} \\ 0.54, & 10\text{atm} \leqslant p_c \leqslant 30\text{atm} \\ 0.58, & 30\text{atm} < p_c < 100\text{atm} \end{cases}$$

可以猜测初温为 38℃时的平衡室压为 $30\text{atm} < p_c < 100\text{atm}$，故取 $n = 0.58$。代入式(5-17)计算得

$$(1-0.58)\ln p_c = (1-0.54)\ln 28 + 0.018 \times (38 - 20) \quad \rightarrow \quad p_c = 83.2\text{atm}$$

所得平衡室压恰好在猜测范围内。

5.5 装药构型与燃面计算

固体火箭药柱的燃烧时间是由其任务需要确定的，特别是受到飞行器承受的加速度水平的制约。例如，对于推进剂质量分数 $\zeta = 0.8$ 的固体火箭，欲保持其不超过 $8g$ 的加速度水平，假设燃气流量恒定，因为推进剂燃尽前的瞬间加速度最大，故推进剂燃烧的时间最短为

$$t \approx \frac{c}{a_{\max}} \frac{\zeta}{1-\zeta} = \frac{2500\text{m/s}}{8 \times 9.8\text{m/s}^2} \times \frac{0.8}{1-0.8} \approx 128\text{s}$$

式中，c 为火箭的等效排气速度；$a_{\max}$ 为火箭受推力作用产生的最大加速度。读者试自行推导该计算式。

如前文示例的数据，推进剂药柱燃面退缩的速率 $r \approx 7\text{mm/s}$，故在垂直于燃面方向上，药柱的厚度不小于89.6cm。药柱的几何构型设计必须满足这个约束条件。

下面先介绍最简单的端面燃烧药柱的几何构型。

5.5.1 端面燃烧药型

如图 5.3 所示，以 A_b 标识的燃面是朝向喷管的整个端平面，与喷管轴线垂直，随着燃烧过程进行，燃面沿着轴向退缩，退缩方向如 r 对应的箭头所示。装药的外侧面（是圆柱面）不直接与承压的壳体内面接触，通常采用一种橡胶类的隔热材料作为粘接层，这个粘接层的内侧面上还涂覆阻燃剂。当装药燃烧气化后，粘接层能保留下来继续保护壳体免受热燃气的直接冲刷。

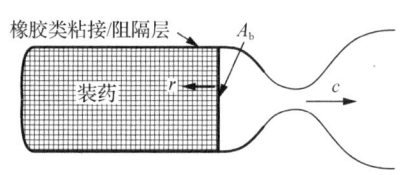

图 5.3 端面燃烧药型示意图

如果应用任务中火箭结构要求的装药尺寸与燃烧时间决定的长度恰好匹配，端面燃烧药型是很奏效的。否则，就需要针对特定的装药质量，另外寻找合适的药型来满足燃烧时间要求。

5.5.2 径向燃烧药型

对于同样的装药质量，实现更短燃烧时间的药型是径向燃烧药型，如图 5.4 所示。以 A_b 标识的燃面是与外壳同心的圆柱面，随着燃烧过程进行，燃面沿着径向退缩，退缩方向如 r 对应的箭头所示。

这种药型的缺点是燃面面积逐渐增大，导致燃烧室的压强不断升高。在发动机设计中是不希望这种状况出现的，原因有三。其一，壳体的结构强度必须按照最大工作压强来设计，但大部分时间里达不到最大工作压强。其二，至少对于运载火箭，希望在刚点火工作的一段时间内燃烧室的压强达到较高数值，使得在稠密大气层内飞行时具有较大的喷管压强比（p_c/p_a）。其三，若推力随时间增大，将使加速度增大（因为即使推力维持为常量，也会因推进剂消耗导致火箭质量减小和加速度增大）的状况更加突出，在推进剂燃烧的末段承受非常高的过载。为了绕开这些难点，很多大型固体火箭发动机采用星形装药（图 5.5），以达到燃面面积不增大甚至逐渐减小的目标。

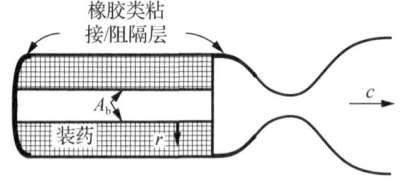

图 5.4 径向燃烧药型示意图

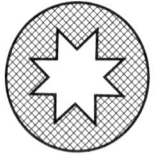

图 5.5 星形装药横截面构型示意图

5.5.3 星形装药

从垂直于轴线的截面看，这种药型有多个向内心突出的尖楔，表面积大；随着燃面沿着径向退缩，尖楔长度也减小，二者的综合效应是保持燃面面积近似为常量。作为初步近似，可以将"星"的周长看作装药的外围（圆）周长。

由于燃速调节手段的增强，现在星形装药能满足大部分火箭的推力-时间曲线要求。根据几何学知识，可以给出"星"的详细参数，能计算任意时刻的燃面面积，计算示意图如图5.6和图5.7所示。图5.7所示装药构型中横截面内包含$2n$个楔形，故每个楔形的圆心角为π/n。

 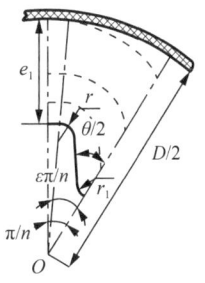

图5.6　星形装药燃面退缩示意图　　　图5.7　星形装药燃面面积计算示意图

5.5.4 分段装药

在标准的固体火箭发动机装药制造中，首先将各种成分的原料混合搅拌成浆，然后倒入壳体内或者成型的模具内，等待橡胶基体固化。由于混合器的尺寸限制、安全性因素以及道路运输原因，单一搅拌缸的容量是受限的。对于特大型固体火箭发动机，需要将装药从轴向分成数段，分别浇铸成型，然后对接组装成所需要的整体形状。

思考与练习题

5-1　当燃速的经验关系式为 $r = a + b \cdot p_c$ 时，试推导平衡室压的表达式。

5-2　内孔侧面和端面燃烧的固体火箭发动机的结构与推进剂装药参数如下：

参数名	符号及量值	参数名	符号及量值
装药内径	$d = 88\mathrm{mm}$	燃气比热比	$\gamma = 1.2$
装药外径	$D = 106\mathrm{mm}$	燃气特征速度	$c^* = 1500\mathrm{m/s}$
装药长度	$L = 200\mathrm{mm}$	喷喉直径	$d_t = 17\mathrm{mm}$
燃烧室初始自由容积	$V_c = 0.0079\mathrm{m}^3$	点火压强	$p_{c,i} = 1.5\mathrm{MPa}$
装药密度	$\rho_p = 1775\mathrm{kg/m}^3$	环境压强	$p_a = 0.098\mathrm{MPa}$
燃烧温度	$T_c = 3260\mathrm{K}$	燃速公式	$r = 8.3 \times 10^{-5} p_c^{0.3}$

试按零维内弹道方程计算和绘制从装药点火开始直到燃气不再喷射的燃烧室压强随时间变化曲线。提示：注意判别从喷喉流出的燃气质量流量计算式受到压强比的影响。

第 6 章　推力室冷却与传热

在大部分火箭发动机中，燃烧温度要远高于推力室壁材料的使用温度容限，因此燃烧室和喷管的壁必须冷却。推力室冷却系统的设计是整个火箭发动机系统设计的一个关键环节。

火箭发动机推力室常采用如下冷却方式中的一种或其中几种的组合：①再生冷却；②烧蚀冷却；③热沉冷却；④辐射冷却；⑤液膜冷却或者发汗冷却。

本章首先简要描述每种冷却方式的基本原理和特点，然后讨论其中重要的物理机理，着重分析实际应用价值最大的再生冷却和烧蚀冷却。

6.1　冷　却　方　式

1. 再生冷却

再生冷却广泛用于液体火箭发动机。典型的液体火箭发动机推力室传热示意图如图 6.1 所示。再生是从能量的循环流动角度来说的，指推进剂(氧化剂+燃料)燃烧释放的能量中的一部分以热能形式被燃气传递给作为冷却剂的一种推进剂组元(通常是燃料)，表现为推进剂初始热焓增大，这部分能量再在燃烧过程中回馈到燃气。

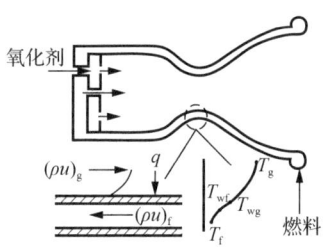

图 6.1　再生冷却的推力室传热示意图

图 6.1 中，局部放大图显示推力室的壁有中空夹层，这个夹层结构称为冷却夹套。冷却夹套包含若干条沿着推力室轴向排布的前后贯通的槽道，在其中冷却剂相对于喷管内的燃气逆向流动。q 表示传热热流密度，单位是 W/m^2；$(\rho u)_g$ 表示燃气质量流量密度，T_g 是其温度；$(\rho u)_f$ 表示冷却剂质量流量密度，T_f 是其温度；冷却夹套内壁的燃气侧表面壁温为 T_{wg}，冷却剂侧表面壁温为 T_{wf}。

在再生冷却方案中，实际上包含三种截然不同的传热过程：

(1) 透过边界层从燃气主流向冷却夹套内壁的对流传热；

(2) 透过冷却夹套的内固体壁的导热；
(3) 透过边界层从冷却夹套内壁向冷却剂的对流传热。

2. 烧蚀冷却

烧蚀冷却的推力室传热示意图如图 6.2 所示。烧蚀冷却方案中重要的物理机理包括：
(1) 透过边界层从燃气主流向推力室壁的对流传热；
(2) 推力室壁材料的分解和气化，在壁与高温的燃气流之间产生一个缓冲气体层，减小了向壁传热的热流密度。

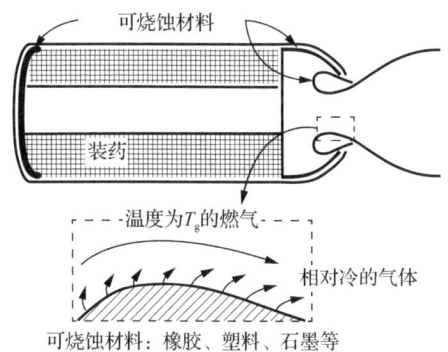

图 6.2　烧蚀冷却的推力室传热示意图

烧蚀冷却最初主要用在固体火箭发动机中，后来也成功应用到低室压的挤压式液体火箭发动机上。

3. 热沉冷却

采用热沉冷却方案时，推力室壁为金属材质，较厚，且发动机工作时间较短，壁面温度维持在一个相当低的水平。这是由于燃气传递给壁的热量被快速分散到很大的质量上。其中的物理机理包括：
(1) 透过边界层从燃气主流向壁的对流传热；
(2) 进入壁的热量在其中传导，致使壁温随时间延长而升高。

热沉冷却主要用于地面的实验型火箭发动机推力室。

4. 辐射冷却

太空应用的小型火箭发动机(如卫星站位保持用的液体火箭发动机)采用高温金属材质的推力室，又在太空冷黑背景中工作，有可能采用热辐射方式冷却燃烧室和喷管，这样可省去冷却槽道，也可避免采用烧蚀冷却导致的喷管内表面侵蚀、截面扩大等问题。

5. 液膜冷却或者发汗冷却

液膜冷却是指特殊供给的冷却剂或者直接采用推进剂作为冷却剂，经过集液环孔引入燃烧室的内壁面，在燃气流冲刷下形成顺流铺展在壁面的液体薄膜，吸热升温和气化，防止壁面过热。它可以单独使用，或者和再生冷却组合使用。

以上所列各种冷却方案中都包含透过边界层由燃气流向固体壁的对流传热，因此后文首先深入讨论这种传热的物理机理。

6.2 再生冷却中的传热与流动

再生冷却中最核心的现象是对流传热。准确理解这个概念，需要先将它与单纯的对流相区别。

对流是指流体存在宏观运动（这是前提），流体的不同部分之间发生相对位移，冷热流体相互掺混所引起的热能传递方式。对流仅能发生在流体中，而且必然伴随导热现象。导热强调物体各部分之间不发生宏观位移，仅仅依靠分子、原子及自由电子等粒子的热运动（微观无规则运动）而产生热能传递。工程上感兴趣的是流体流过一个固体表面时对流和导热联合起作用导致的热能传递现象，并称为对流传热，以区别于单纯的对流。

对于对流传热，传统上引入传热系数 h，将传热的热流密度表示为

$$q = h(T_f - T_w) \tag{6-1}$$

式(6-1)适用于大体积的流体加热固壁的情形，式中，h 的单位为 $W/(m^2 \cdot K)$；T_w 为壁表面温度；T_f 为远离紧贴固壁面的边界层的主流流体的温度。

实质上，式(6-1)仅仅是传热系数的定义式，它并不揭示传热系数与各种影响因素的具体关联。传热学中求传热系数的关联式有两条基本途径：一是理论解法，包括建立在边界层理论上的分析法以及比拟法；二是实验研究方法，应用相似原理或者量纲分析法，将众多的影响因素归并成为数不多的无量纲数，通过实验确定传热系数与它们的具体关联式。理论解法能深刻揭示各有关因素对传热系数的影响关系，实验研究方法目前仍是保证设计计算可靠性的主要途径。

火箭发动机推力室中的流动几乎都是湍流。应用动量传递与热能传递的比拟原理，由湍流阻力系数来推算湍流传热系数，是求解湍流传热问题的一种有效方法。因为比拟原理可普遍适用于层流、湍流以及绕流脱体流，它比边界层理论适用的范围更广，也可以用于不符合边界层定义的流动。因此，本书以比拟原理为主线，结合实验研究方法来阐述对流传热的机理与计算式。

6.2.1 槽道内流体与固壁之间的对流传热

在传热学中引入斯坦顿数(Stanton number，符号 St)关联传热的热流密度，其物理含义为

$$St = \frac{\text{流体向壁传热的热流密度}}{\text{流体在特征温度状态相对于壁面温度的能量流密度}} = \frac{q}{(\rho u)_f c_p (T_f - T_w)}$$

式中，$(\rho u)_f$ 为流体特征状态的质量流量密度，单位是 $kg/(s \cdot m^2)$；T_f 为流体特征温度；c_p 为流体的比定压热容。用斯坦顿数以及流体参数表示的流体向固壁传热的热流密度表示式为

$$q = (\rho u)_f c_p St(T_f - T_w) \tag{6-2}$$

使式(6-1)与式(6-2)中的热流密度相等，给出关系式为

$$h = (\rho u)_f c_p St \tag{6-3}$$

构造成无量纲数的关联式为

$$\frac{hL}{k} = \frac{(\rho u)_f L}{\mu} \left(\frac{\mu c_p}{k} \right) St \tag{6-4}$$

式中，k 为流体的热导率，单位是 $W/(m \cdot K)$；μ 为流体的动力黏度，单位是 $N \cdot m^{-2} \cdot s$；L 为流动的特征长度；等号左手侧的分式项称为努塞尔数(Nusselt number，符号 Nu)；等号右手侧的第一个分式项是雷诺数(Reynolds number，符号 Re)；括号内的分式项只包含物性参数，是普朗特数(Prandtl number，符号 Pr)。故式(6-4)又记为

$$Nu = Re \cdot Pr \cdot St$$

注意：①对于不同几何形态的流体流动，其特征长度 L 应选取不同的几何参数；②流动速度一般与位置有关；③流体物性参数(包括 k、μ、c_p、ρ 等)都是温度的函数，而温度也与位置有关。因此，计算无量纲数必须首先明确定性温度和采用的流动速度。此处暂不探讨。

设想一种工况：狭长圆筒形(等截面)槽道的整个壁等温，向槽中的流动流体传热。这种情况与实际的液体火箭发动机推力室冷却夹套的槽道壁向冷却剂的传热流动并不完全相同，因为后者仅有一面壁向冷却剂传热，另有一面壁被冷却剂加热。图 6.3 中，q 是壁向流体传递的热流密度，T_w 是壁温，T_f 是槽道截面上平均的流体温度，τ_w 是壁面对流体的切应力(摩擦应力)，ρu 是流体的质量流量面密度。

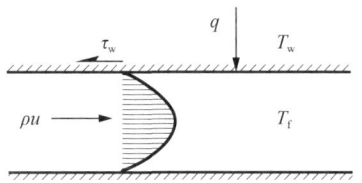

图 6.3 向槽道流传热的示意图

认为流体的比定压热容 c_p 是常量。流动和传热达到稳态后，线坐标 x 处长度为 dx 的槽道微元上的热平衡表示为

$$(\rho u A) c_p dT_f = qS dx \tag{6-5}$$

式中，S 为槽道单位长度的内表面积(等价地，也是槽道截面周长)。对于圆截面槽道，$S = \pi D$，$A = \pi D^2/4$，$A/S = D/4$。(对于截面为任意形状的槽道，用截面积 A 以及周长 S 定义等效的水力直径 $D = 4A/S$。)

根据式(6-2)，壁向流体的传热热流密度表示为

$$q = (\rho u)c_p St(T_w - T_f) \tag{6-6}$$

组合式(6-5)和式(6-6)给出

$$\frac{dT_f}{dx} = \frac{4St}{D}(T_w - T_f) \tag{6-7}$$

若将 T_w 与 St 视为常量，对式(6-7)积分给出

$$T_w - T_f = (T_w - T_{f0})e^{-4St\frac{x}{D}} \tag{6-8}$$

式中，T_{f0} 为位置 $x = 0$ 处的流体温度。长度为 L 的槽道向流体传递的总热流量为

$$Q = \int_0^L qS dx = \int_0^L S(\rho u)c_p St(T_w - T_f)dx \\
= \int_0^L S(\rho u)c_p St(T_w - T_{f0})e^{-4St\frac{x}{D}}dx = \dot{m}c_p(T_w - T_{f0})\left(1 - e^{-4St\frac{L}{D}}\right) \tag{6-9}$$

式中，$\dot{m} = \rho u A$ 是常量，与截面的位置(以线坐标 x 表示)无关。

6.2.2 槽道内流动的摩擦压降

下面再探寻壁面摩擦导致的压降的表示式。为找出定量关系，对线坐标 x 处长度为 dx 的槽道内流体微元列写受力平衡式为

$$-A\frac{dp}{dx}dx - \tau_w S dx = 0$$

$$\frac{dp}{dx} = -\frac{4}{D}\tau_w \tag{6-10}$$

用范宁(Fanning)摩擦系数(符号 c_f)表示流体受到的壁面切应力为

$$\tau_w = c_f \cdot \frac{1}{2}(\rho u^2)_f \tag{6-11}$$

式中，下标"f"依然表示取槽道截面上的平均流动参数。忽略流体压缩性后，等截面槽道在长度 L 上的压降可表示为

$$\Delta p = \frac{4L}{D}c_f \frac{(\rho u^2)_f}{2} \tag{6-12}$$

现在来看一个有趣的比值，它是长度为 L 的槽道上流体的无量纲压降与槽道壁向流体传递的无量纲总热流量之比。当 $4St(L/D) \approx 0$ 是一个小量时，根据式(6-9)，将总热流量 Q 用一阶近似代替，可得

$$\frac{\dfrac{\Delta p}{\dfrac{1}{2}(\rho u^2)_{\mathrm{f}}}}{\dfrac{Q}{\dot{m}c_p(T_{\mathrm{w}}-T_{\mathrm{f0}})}} \approx \frac{c_{\mathrm{f}}}{St}$$

后文的分析将表明上述比值是一个接近 1 的量。

有时引入摩擦系数 $f=4c_{\mathrm{f}}$。根据流体力学的知识，f 或者 c_{f} 可以表示为仅是雷诺数的函数，这时的雷诺数定义为

$$Re = \frac{(\rho u)_{\mathrm{f}}}{\mu_{\mathrm{f}}} D \tag{6-13}$$

式中，μ_{f} 为取槽道截面上流体平均温度下的动力黏度；D 为如前定义的水力直径。f 或者 c_{f} 随雷诺数变化的函数图像——穆迪（Moody）图，可以从几乎任何一本流体力学教科书中找到，一般以雷诺数为横坐标，以相对粗糙度为参量。

对于不可压流，可用摩擦系数的定义直接计算压降；对于马赫数接近 1 的气流，f 或者 c_{f} 随雷诺数变化的函数关系存在对马赫数的依赖性，必须计及流体被加热后密度减小伴随的流动加速效应。对于本课程涉及的火箭发动机冷却槽道内的流动传热现象，可认为上述摩擦系数与雷诺数关系的莫迪图适用。

6.2.3 雷诺比拟

通常流体在槽道中的流动压降是容易测量的，而传热是不易测量的。根据对流动流体与壁面之间的动量传递、热能传递的微观机理分析，认为湍流和层流中存在各自相同的动量与能量从流体向壁传递的机理：在湍流中主要是流体涡传递，在层流中主要是分子运动传递。据此可以推测，（以流体加热固壁的情形为例）浸入壁的热量与沿着壁面的热流的比值应该等于传递给壁的动量与沿着壁面的动量流的比值，表示为

$$\frac{q}{\rho u c_p(T_{\mathrm{f}}-T_{\mathrm{w}})} = \frac{\tau_{\mathrm{w}}}{\rho u^2} = \frac{c_{\mathrm{f}}\dfrac{\rho u^2}{2}}{\rho u^2} \tag{6-14}$$

由此导致如下的雷诺比拟的解：

$$St = \frac{c_{\mathrm{f}}}{2} \tag{6-15}$$

更细致的分析表明，热导率还在其中发挥些许作用，因此更精确的关系式为

$$St \cdot Pr^{0.67} = \frac{c_{\mathrm{f}}}{2} \tag{6-16}$$

当 $Re = 5 \times 10^3 \sim 2 \times 10^5$ 时，光滑管内流动摩擦系数的实验式为

$$f = 0.184 Re^{-0.2}$$

比拟到热传递，光滑管内的湍流对流传热为

$$St \approx \frac{c_f}{2} Pr^{-0.67} = 0.023 Re^{-0.2} Pr^{-0.67}$$

6.2.4 热燃气侧透过边界层的传热

在火箭发动机喷管中，紧贴内壁面的是黏性气体薄层，远离内壁面的是几乎完全无黏性的气流；气体流动受到顺流压强梯度的强烈影响。这种"有利的"压强梯度源自沿着流动方向的压降，它在边界层内使气流加速，从而使喷管中的边界层比平板表面的或者充分发展的等截面管中的边界层厚度更小。在喷管喉部，压强梯度最大，边界层的厚度最小。由于这个原因，以及单位截面面积上的质量流量(ρu)最大，故在喷管喉部处热流密度也最大。

热燃气侧对流传热的基本关系式表示为

$$q = h_g (T_{aw} - T_{wg}) \tag{6-17}$$

式中，T_{aw}为燃气的绝热壁温，它比燃气的燃烧室总温(T_c)低，等于一个小于1的恢复系数与燃烧室总温的乘积，本质上是局部的燃气总焓的表征。最困难的还是传热系数的确定，但是实验研究表明，单位面积的燃气质量流量对传热系数的影响最大，并有0.8幂次的指数关系，即

$$h_g \propto (\rho u)^{0.8}$$

在定量描述喉部传热的热流密度的早期研究中大都使用通道流动的数据，其中采用的雷诺数及无量纲关联式为

$$Re_\delta = \frac{(\rho u)_\infty (2\delta)}{\mu} \tag{6-18}$$

$$St = 0.023 Re_\delta^{-0.2} Pr^{-0.7} \tag{6-19}$$

式中，$(\rho u)_\infty$为上游远前方的来流流量密度；δ为喉部边界层厚度，这个量的估计方法很多，但是难以精确预测。因此，实践中还是求助于经验公式来估计传热的热流密度。巴兹(Bartz)推荐使用如下经验关联式估计喉部的传热：

$$St = 0.023 Re_D^{-0.2} Pr^{-0.7} \tag{6-20}$$

式(6-20)中雷诺数的下标D表示以喷管喉部直径为尺度参数。

以上内容提供了再生冷却液体火箭发动机中绝大部分关键传热过程分析的手段。

6.3 烧蚀冷却

使用"烧蚀"一词,意味着由于热燃气的加热作用,固体壁面发生侵蚀。这种现象是如下结构的关键过程:

(1) 再入大气层的热屏护罩;
(2) 固体推进剂火箭发动机喷管的内壁面热防护层;
(3) 固体推进剂火箭发动机壳体的隔热层。

如图 6.4 所示,考虑热燃气流过一固壁表面,该表面的材料会气化(甚至可能与燃气发生化学反应)。在固壁表面(是一个几何面)处的热流平衡关系为

$$q_s = q_w - (\rho u)_w (h_w - h_s) \tag{6-21}$$

式中,$(\rho u)_w$ 为固壁烧蚀产物的质量流量密度;h_s 为烧蚀产物在烧蚀之前的比焓;h_w 为烧蚀产物进入燃气流时的比焓;$\Delta h_w = h_w - h_s$ 表示烧蚀热,其单位是 J/kg,它包含材料的分解热与气化热;q_w 为透过边界层由热燃气传递给固壁的热流密度,将它写成如下形式:

$$q_w = (\rho u)_e St \left(h_e + \frac{u_e^2}{2} - H_w \right) \tag{6-22}$$

式中,H_w 为对应于当地固壁温度 T_w 的燃气的比焓(静焓),$H_w = c_{p,g} T_w$;$h_e = c_{p,g} T_e$ 为处于气体边界层之外的温度为 T_e 的燃气的静焓。式(6-22)推广了此前关于传热热流密度的表达式,差别在于用总焓代替静焓,当前这种形式对于高速流动更有效。

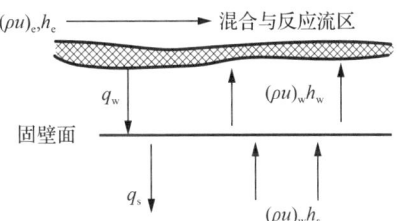

图 6.4 烧蚀冷却原理示意图

对于热燃气的核心主流,能量守恒方程为

$$h_e + \frac{u_e^2}{2} = c_{p,g} T_c \tag{6-23}$$

式中,T_c 为燃烧温度。故进入固壁的净热流密度为

$$q_s = (\rho u)_e St (T_c - T_w) c_{p,g} - (\rho u)_w \Delta h_w \tag{6-24}$$

这个净热流密度 q_s 就是加热固壁材料（不包含烧蚀部分）的热流密度，显然它比透过边界层由热燃气传递给固壁的热流密度 q_w 小，这就是材料烧蚀的效应。

接下来要问：如何确定烧蚀物的质量流密度 $(\rho u)_w$？实际上这又是一个复杂的问题，因为固壁并非如固体推进剂燃烧那样导致其表面平行退缩，更可能的情况是形成多孔结构。现在仅简化为类似固体推进剂燃烧的情况，固面退缩速率为 r（单位是 m/s），于是 $(\rho u)_w = r\rho_s$，ρ_s 是固壁的材料密度。将坐标系（O-y）固连在固壁表面（是一个移动的几何面）上，正方向沿着固壁表面外法线的反方向。当烧蚀达到稳定状态时，在该坐标系中观察，固壁材料以速度 $u_y = -r$ 向观察者迫近并携带固体焓对应的热流，而固壁中的温度场是稳恒场。若固壁内无局部产热机制，则热量平衡关系式为

$$\frac{\mathrm{d}}{\mathrm{d}y}\left(-k_s\frac{\mathrm{d}T}{\mathrm{d}y} - r\rho_s c_s T\right) = 0 \tag{6-25}$$

式中，T 为固壁中任一位置的温度；k_s 和 c_s 为固壁材料的热导率与比热容。式（6-25）的积分给出

$$k_s\frac{\mathrm{d}T}{\mathrm{d}y} + r\rho_s c_s T = r\rho_s c_s T_{w\infty} \tag{6-26}$$

式中，$T_{w\infty}$ 为远离表面的固壁材料的温度。式（6-26）可整理为

$$\frac{\mathrm{d}(T - T_{w\infty})}{\mathrm{d}y} + \frac{r}{a_s}(T - T_{w\infty}) = 0 \tag{6-27}$$

式中，$a_s = k_s / (c_s \rho_s)$ 为固壁材料的热扩散率，单位是 $\mathrm{m^2/s}$。式（6-27）的积分结果为

$$T - T_{w\infty} = (T_w - T_{w\infty})\mathrm{e}^{-\frac{r}{a_s}y}$$

式中，T_w 为固壁表面处（$y = 0$）的壁温。由于固壁中的温度场是稳恒场，任一时刻的固壁表面处（$y = 0$）的边界条件为

$$q_s = -k_s\frac{\mathrm{d}T}{\mathrm{d}y}\bigg|_{y=0} = r\rho_s c_s (T_w - T_{w\infty})$$

即

$$r\rho_s = \frac{q_s}{c_s(T_w - T_{w\infty})} \tag{6-28}$$

现在回到向固壁传热的净热流密度表示式（6-24），与式（6-28）联立给出

$$q_s = (\rho u)_e St(T_c - T_w)c_{p,g} - (\rho u)_w \Delta h_w = r\rho_s c_s(T_w - T_{w\infty})$$

如此得到烧蚀物的质量流密度为

$$r\rho_s = \frac{(\rho u)_e St(T_c - T_w)c_{p,g}}{c_s(T_w - T_{w\infty}) + \Delta h_w} \tag{6-29}$$

现在探讨烧蚀物的质量流密度$(\rho u)_w$对传热的斯坦顿数St有何影响。根据物理知识可知，烧蚀气体离开固壁表面的顺流速度为零，故它会迟滞近壁面的燃气流速度，其效果示意如图6.5所示。

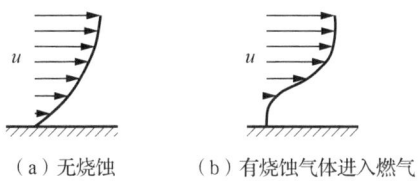

（a）无烧蚀　　　（b）有烧蚀气体进入燃气

图6.5　烧蚀气化对燃气流速度剖面影响的示意图

对于小的表面吹气效应，Lee提出一个定量的效应表达式为

$$\frac{St}{St_0} = \frac{B}{e^B - 1}, \quad B = \frac{r\rho_s}{(\rho u)_e St_0} \tag{6-30}$$

式中，St_0为无烧蚀气化物质流的斯坦顿数。为后文书写便利，根据式(6-29)引入一个无量纲参数ψ：

$$\psi \equiv \frac{r\rho_s}{(\rho u)_e St} = \frac{(T_c - T_w)c_{p,g}}{c_s(T_w - T_{w\infty}) + \Delta h_w} \tag{6-31}$$

根据式(6-30)与式(6-31)，参数B与ψ之间具有如下联系：

$$B = \psi \frac{St}{St_0} = \psi \frac{B}{e^B - 1}$$

由此可得

$$\psi = e^B - 1 \implies B = \ln(1 + \psi) \tag{6-32}$$

由式(6-30)的第二式及式(6-32)可得

$$r\rho_s = (\rho u)_e St_0 \left\{ \ln\left[1 + \frac{(T_c - T_w)c_{p,g}}{c_s(T_w - T_{w\infty}) + \Delta h_w}\right]\right\} \tag{6-33}$$

至此，用无烧蚀气化物质流的斯坦顿数St_0表示的向固壁传热的净热流密度表示式为

$$q_s = (r\rho_s)c_s(T_w - T_{w\infty}) = (\rho u)_e St_0 \left\{\ln\left[1 + \frac{(T_c - T_w)c_{p,g}}{c_s(T_w - T_{w\infty}) + \Delta h_w}\right]\right\}c_s(T_w - T_{w\infty}) \tag{6-34}$$

若期许的固壁表面温度T_w都相同，则对于喷管的不同位置，式(6-34)表明加热固壁的净热流密度只与燃气质量流量密度成正比。根据喷管临界位置（喉部）流量密度公式：

$$(\rho u)_{e,t} = \frac{\dot{m}}{A_t} = \frac{p_c}{c^*}$$

这就与喉部传热热流密度最大（$q_s \to \max$）从而烧蚀最严重（$r \to \max$）的现象对应起来。

通过采用具体的物性数据计算传热热流密度的数值，其结果表明，$\Delta h_w \gg c_s(T_w - T_{w\infty})$，并且 $\psi \ll 1$，这种状况使如下近似式成立：

$$r\rho_s \approx (\rho u)_e St_0 \frac{(T_c - T_w)c_{p,g}}{\Delta h_w} \quad (6\text{-}35)$$

$$St \approx St_0 \quad (6\text{-}36)$$

将式(6-35)和式(6-36)代入固壁表面的热流平衡关系式得到 $q_s \approx 0$，这表明在一阶近似水平上，燃气向固壁的传热热流不会穿透烧蚀层，而这正是烧蚀防护的目标。

式(6-29)或者式(6-35)可用于选择合适的烧蚀层厚度，前提是给定烧蚀防护时间 t_b，则烧蚀层最小厚度 $\delta_{abl} = r \cdot t_b$。实践中的烧蚀层厚度可由以下示例给出。

如对用于烧蚀防护的石墨(碳)，其物性参数如下：

$$\Delta h_w = h_w - h_s \approx 6 \times 10^7 \text{J/kg}$$

$$\rho_s \approx 2000 \text{kg/m}^3$$

现假设燃烧温度与期望固壁温度差、燃气的比热容等参数为

$$T_c - T_w = 3000\text{K} - 2000\text{K} = 1000\text{K}$$

$$c_{p,g} \approx \frac{\gamma}{\gamma - 1} \frac{R_{com}}{M_r} = \frac{1.2}{0.2} \times \frac{8.314}{0.02} \frac{\text{J}}{\text{kg} \cdot \text{K}} \approx 2500 \frac{\text{J}}{\text{kg} \cdot \text{K}}$$

可得

$$(\rho u)_{e,t} = \Gamma \frac{p_c}{\sqrt{RT_c}} = \Gamma(1.2) \frac{p_c}{\sqrt{\frac{8.314}{0.02} \times 3000 \frac{\text{J}}{\text{kg}}}} \approx 58(p_c)_{atm} \frac{\text{kg}}{\text{s} \cdot \text{m}^2}$$

设 $p_c = 100$ atm 以及 $St = 0.001$，依据式(6-35)可得

$$r \approx (\rho u)_e St \frac{(T_c - T_w)c_{p,g}}{\rho_s \Delta h_w} = 58 \times 100 \times 0.001 \times \frac{1000 \times 2500}{2000 \times 6 \times 10^7} \frac{\text{m}}{\text{s}} \approx 0.12 \text{mm/s}$$

故设定烧蚀防护时间 $t_b = 100$s 时，烧蚀层最小厚度 $\delta_{abl} = 1.2$cm。

再考虑某种橡胶，其等效近似原子构成比例为 $C_{10}H_{20}$，其单位质量的烧蚀热与密度为

$$\Delta h_w = h_w - h_s \approx 2.8 \times 10^5 \text{J/kg}$$

$$\rho_s \approx 1500 \text{kg/m}^3$$

当燃气流及其他条件与前文以石墨作为防护材料的发动机相同时，橡胶的烧蚀速率约为石墨的300倍。这并不表明在火箭发动机中无法使用橡胶作为烧蚀防护材料，如在固体火箭发动机的装药与壳体之间的位置，此处燃气流的质量流量密度远小于喷管喉部，$(\rho u)_e \approx 0.01(\rho u)_{e,throat}$，其烧蚀速率将与喉部相当，此处使用橡胶作为烧蚀防护材料是合适的。

思考与练习题

6-1 燃气的绝热壁温是怎样的概念？如何近似地计算它？

6-2 某液体火箭发动机推力室内壁面的面积为 0.2m^2，以液氢为冷却剂，其质量流量为 2kg/s。已知氢在 1atm 下的沸点为 20.4K，汽化热为 $4.46\times 10^3\text{J/kg}$，沸点温度下氢气的比定压热容为 $12.15\times 10^3\text{J/(kg·K)}$。若限定冷却夹套出口的氢气温度不超过 145K，升温过程中比热容为常量，试确定冷却剂每秒至多吸收多少热能，以及平均的热流密度是多大。

6-3 某液体火箭发动机燃烧室采用再生冷却，室壁采用不锈钢。部分参数如下：燃气温度为 2760K；燃气侧壁面温度为 1260K；传热热流密度为 15MW/m^2；冷却剂与燃气侧壁之间传热系数为 $23\text{kW/(m}^2\cdot\text{K)}$；燃气与冷却剂间壁厚为 0.42mm。

后作改进，在推力室内壁面上涂覆一层平均热导率为 2.59W/(m·K) 的隔热漆，漆层厚度为 0.2mm。已知室壁不锈钢的热导率为 20.19W/(m·K)，密度为 $7.98\times 10^3\text{kg/m}^3$。计算涂覆隔热漆后的燃气向冷却剂传热的热流密度以及燃气侧不锈钢壁面温度。

6-4 某固体火箭发动机喷喉直径初始量 $d=30\text{mm}$，工作过程中因烧蚀扩大 2mm。若燃速（$r=ap_c^n$）的压强指数和幂前因子都不变，装药的燃面、燃烧温度、燃气物性也不变，试估计比冲和推力的变化。

第 7 章　推力矢量机构与增压系统

推力矢量机构属于火箭控制系统，它本身不影响发动机的性能，但可能影响发动机的结构与可靠性。本章仅对推力矢量机构作简单介绍。

液体火箭发动机的储箱都需要增压，有泵和无泵发动机的储箱增压幅度不同。固体火箭发动机不存在增压问题。

7.1　推力矢量机构

大推力的双组元液体火箭可采用常平架这种机构实现推力作用方向围绕火箭体轴的改变。如图 7.1 所示，高压工作的涡轮泵、泵后管路与推力室固连，可以在作动器支配下整体摆动，柔性接头只出现在泵前的低压管路段。若涡轮泵不随推力室摆动（泵后摆），则需要泵后的高压（还不是高温）管路上有柔性接头。

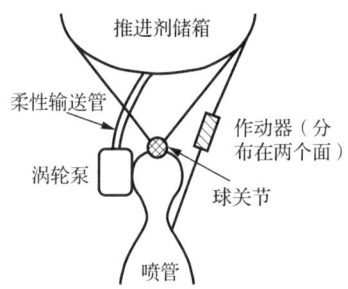

图 7.1　液体火箭的推力矢量机构示意图

对于固体火箭，欲实现推力矢量偏转，要么采用柔性关节连接壳体与喷管，要么采用喷管位置固定而使气流发生偏转的其他手段。由于火箭壳体内的燃气是高压高温的，耐高压高温的柔性关节的实现技术难度很大，故早期的固体火箭发动机采用舵使喷管出口的气流偏转，或者在喷管的扩张段侧壁上引入气体射流使燃气流偏转。图 7.2 给出三种手段的示意图。

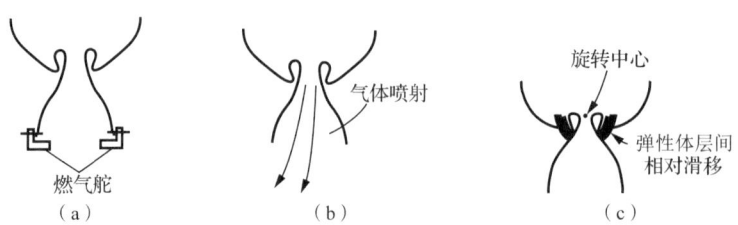

图 7.2　固体火箭的推力矢量机构示意图

大部分现代固体火箭发动机采用柔性关节喷管,如图 7.2(c)所示,可实现垂直于火箭体轴的平面内 360°任意方向的推力矢量指向控制。这种柔性关节由弹性体逐层嵌套而成,每层都呈球台侧壁形,相邻层紧密贴合。喷管旋转时,弹性体发生层间相对滑移。柔性关节的设计问题包括弹性体结构承受巨大压差作用,以及活动件保持对高压高温燃气的密封。

7.2 增压系统

液体推进剂从储箱流入燃烧室,需要压差驱动。这种压差可以源自推进剂在储箱内就达到高压强状态,也可以使压强较低的推进剂经由泵增压而达到高于燃烧室压强的状态。前一种对推进剂增压的实现方式称为气体挤压式,后一种称为泵压式。对于泵压式液体火箭发动机,存在动力循环方式的概念。之所以称为动力循环,是因为对推进剂增压的能源物质是推进剂自身。

泵压式液体火箭发动机的动力循环方式描述推进剂在发动机主要组件中的流动路径(常简称流路)、一个或者多个涡轮的工质(不局限于"燃气"这种形态,还可以是高压液体)供应方式,以及涡轮废气的排放途径。

1. 推进剂储箱的气瓶增压方式

这种模式如图 7.3 所示,优点是系统简单、可靠性高,缺点是高压气瓶与储箱都是高压容器,质量大。若气瓶与储箱之间连接气压调节器,则可保持发动机工作期间储箱内压强恒定,燃烧室内状态也恒定,称为恒压式。否则,储箱和燃烧室内压强均随时间发展而下降,称为落压式。落压式工作的发动机对推进剂的使用效率逐渐减小。

图 7.3 气体挤压式液体火箭推进系统组成示意图

2. 燃气发生器循环

采用燃气发生器循环的液体火箭发动机的推进剂和燃气流动路径如图 7.4 所示。驱动涡轮的工质是热燃气,由单独的燃烧装置生成,此装置称为燃气发生器;燃气发生器的反应物是从泵后引出的一部分推进剂(燃料和氧化剂);涡轮废气通过一个单独设置的拉瓦尔喷管排出。采用这种动力循环方式的发动机的优点是涡轮功率独立调节,只需要与流过泵的推进剂流量成正比地向燃气发生器供应推进剂即可,不需要考虑涡轮废气流动与推力室内燃烧的耦合问题。由于驱动涡轮的燃气温度不能太高(一般在 1000K 左右或者更低),这部分推进剂的比冲低于推力室排出燃气的比冲,使燃气发生器循环发动机的总比冲有继续增大的余地。

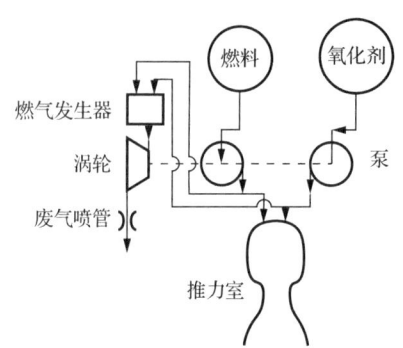

图7.4 燃气发生器循环液体火箭发动机流路示意图

3. 膨胀器或汽化器循环

目前只有液氧+液氢火箭发动机采用膨胀器或汽化器循环,如图7.5所示。这种发动机中全部的或者一部分液氢被增压到高于推力室的喷注压强,首先作为喷管和燃烧室的冷却剂在流经冷却夹套时被加热汽化,然后流经涡轮膨胀做功驱动泵,最后注入燃烧室。

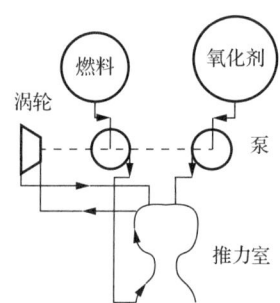

图7.5 膨胀器循环液体火箭发动机流路示意图

相对于燃气发生器循环,这种发动机的比冲高;相对于由预燃室产生燃气的分级燃烧循环,这种发动机的结构简单。膨胀器或汽化器循环发动机的主要缺点:一是起动过程复杂,因为依赖于推力室结构存储的热作为涡轮泵启动能源;二是由于驱动涡轮的氢气温度受到推力室壁温度的限制,可能达到的燃烧室压强也受到限制。

4. 分级燃烧循环

分级燃烧循环(也称补燃循环)在现代高性能火箭发动机中占主流。一部分推进剂(燃料和氧化剂)在预燃室中燃烧生成低温燃气,驱动涡轮后流入燃烧室进行补充燃烧(这是"分级燃烧"或"补燃"这些术语的来源)。发动机中推进剂和燃气流路如图7.6所示。在很大推力的发动机中,通常使大部分甚至全部的燃料都进入预燃室,因此涡轮功率足够大,允许燃烧室运行在很高压强状态(历史上有燃烧室压强超过20MPa的此类发动机),燃气的特征速度c^*大。此外,由于所有的推进剂都流经燃烧室和喷管,推力室的混合比与发动机的混合比相等(与燃气发生器循环发动机对比),比冲最高。按照推进剂的混合比，将预燃室区分为富燃和富氧两种类型。俄罗斯发展的某些分级燃烧循环液氧-煤油火箭发动机的预燃室工作在富氧燃烧状态。

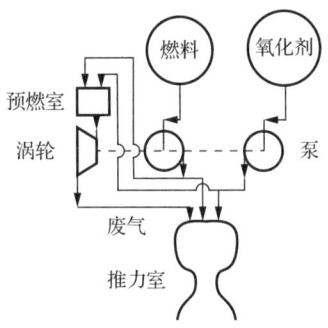

图 7.6　分级燃烧循环液体火箭发动机流路示意图

分级燃烧循环发动机的动力循环参数选择的灵活性较大；其主要缺点是结构复杂、起动过程复杂，涡轮和泵都工作在较高的压强状态。

7.3　推进剂储箱质量估算

推进剂储箱的壁厚可由简单的材料力学模型来估算。

将推进剂储箱简化为中间是圆筒、两端封头是半球壳的结构，且各部分壁厚相等。记圆筒段长度为 L，圆筒横截面的外半径为 R、内半径为 r，壁厚为 t；横截面上轴向应力 σ 分布均匀；储箱内流体压强为 p。如图 7.7 所示，沿圆筒段任意横截面切开的储箱段受力平衡式为

$$p(\pi r^2) = \sigma \pi (R^2 - r^2) \tag{7-1}$$

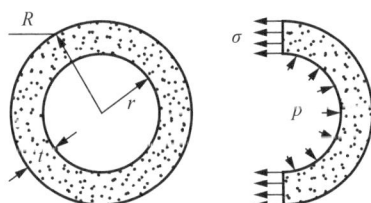

图 7.7　储箱圆筒段横截面尺寸与半球壳封头受力分析示意图

认为壁薄（$t = R - r \ll r, R + r \approx D$），圆筒段横截面的平均直径为 D，由式(7-1)导出近似关系为

$$p\frac{D^2}{4} = \sigma D t \rightarrow \frac{t}{D} = \frac{p}{4\sigma} \tag{7-2}$$

储箱的质量和容积分别表示为

$$m_\text{t} = \rho_\text{m} t \pi (DL + D^2) = \rho_\text{m} t \pi D^2 \left(1 + \frac{L}{D}\right) \tag{7-3}$$

$$V = \pi \left(\frac{D^2}{4}L + \frac{D^3}{6}\right) = \pi D^3 \left(\frac{1}{6} + \frac{L}{4D}\right) \tag{7-4}$$

式中，ρ_m 为储箱壁材料的密度。储箱自身质量与其容积的比值为

$$\frac{m_\text{t}}{V} = \rho_\text{m} \frac{t}{D} \frac{1 + \dfrac{L}{D}}{\dfrac{1}{6} + \dfrac{L}{4D}} = \rho_\text{m} \frac{p}{\sigma} \frac{1 + \dfrac{L}{D}}{\dfrac{2}{3} + \dfrac{L}{D}} \tag{7-5}$$

储箱自身质量与其装载的推进剂（充满状态）的质量比值为

$$\frac{m_\text{t}}{m_\text{p}} = \frac{\rho_\text{m}}{\rho_\text{p}} \frac{p}{\sigma} \frac{1 + \dfrac{L}{D}}{\dfrac{2}{3} + \dfrac{L}{D}} \tag{7-6}$$

考虑挤压式供应的推进剂肼（N_2H_4）的存储。已知燃烧室压强及肼密度为

$$p_\text{c} = 20\text{atm} \approx 2.03 \times 10^6 \text{Pa}, \quad \rho_{\text{肼}} = 995 \text{kg/m}^3$$

推进剂储箱壁材料为钛合金，其密度与许用应力为

$$\rho_\text{m} = 4100 \text{kg/m}^3, \quad \sigma \approx 8 \times 10^8 \text{Pa}$$

若储箱内压强近似等于燃烧室内压强，则储箱自身质量与其装载的推进剂（充满状态）质量的比值为

$$\frac{m_\text{t}}{m_\text{p}} = \frac{4100}{995} \frac{2.03}{800} \frac{1 + \dfrac{L}{D}}{\dfrac{2}{3} + \dfrac{L}{D}} \approx 0.01 \frac{1 + \dfrac{L}{D}}{\dfrac{2}{3} + \dfrac{L}{D}}$$

火箭从地面竖直起飞时，储箱高度对其质量有一定影响。考虑圆筒形储箱底面上（与上部液面的距离为 L）推进剂的压强为

$$p = p_\text{g} + n\rho_\text{p} gL \tag{7-7}$$

式中，p_g 为储箱上部增压气体的压强；n 为重力与加速度对应的惯性力之和除以重力所得数值。当忽略推进剂增压气体的压强（$p_\text{g} \approx 0$）时，储箱自身质量与其装载的推进剂（充满状态）质量的比值为

$$\frac{m_\text{t}}{m_\text{p}} = \frac{n\rho_\text{m} gL}{\sigma} \frac{1 + \dfrac{L}{D}}{\dfrac{2}{3} + \dfrac{L}{D}} \tag{7-8}$$

设起飞的加速度为 $0.35g$，储箱高度为 30m，忽略推进剂增压气体的压强，储箱壁材料的密度和许用应力数据如前文所述，储箱自身质量与其装载的推进剂（充满状态）质量的比值为

$$\frac{m_\text{t}}{m_\text{p}} = 0.002 \frac{1+\dfrac{L}{D}}{\dfrac{2}{3}+\dfrac{L}{D}}$$

当考虑推进剂增压气体的压强时，如 $p_\text{g} = 2\text{atm}$，储箱自身质量与其装载的推进剂（充满状态）质量的比值为

$$\frac{m_\text{t}}{m_\text{p}} = 0.003 \frac{1+\dfrac{L}{D}}{\dfrac{2}{3}+\dfrac{L}{D}}$$

上述结果表明，对于竖直起飞状态的火箭，储箱高度对于储箱自身质量有较大影响。

思考与练习题

7-1　请查找采用膨胀器循环的液氧+液氢火箭发动机 RL10-3 的有关文献，确定其燃烧室压强和推力，推测推力室质量和结构尺寸的数据，分析这种类型发动机的燃烧室压强和推力上限。

第8章 离心泵流体力学原理

泵的本义说明其作用是提水。现代多样化的工程应用使泵的准确定义为：将原动机的机械能转化为所抽送液体的机械能的机器。从功能上讲，泵还能够调节抽送液体的流量(单位是 kg/s 或者 m^3/s)。

大推力液体火箭发动机一般采用离心泵对推进剂增压。下面先从结构上认识离心泵。

8.1 离 心 泵

8.1.1 离心泵的结构和简图

离心泵由两个主要部分组成：强制液体做旋转运动的工作轮和把液体导入工作轮、在液体增压后又将其导出的泵体，如图 8.1 所示。工作轮固连在转轴上，再通过轴承支承在泵体上，可在泵体内自由旋转。在转轴伸出泵体处有密封结构，以防止液体外漏。工作轮和泵体上装有密封环，相对的密封环面的间隙很小，以防止高压液体回流到吸入腔。

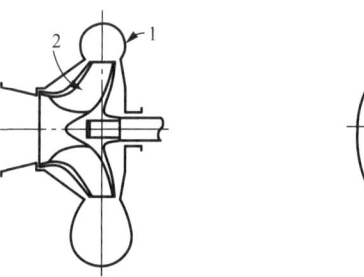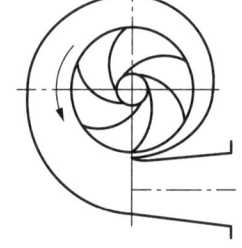

图 8.1 离心泵剖面简图

1—泵体；2—工作轮

工作轮可以看成两块有间隙的圆环形板，间隙中有多个相同形状的直立的弯曲叶片从内圆伸展到外圆，将间隙分割成数条径向流道，如图 8.1 和图 8.2 所示。实际上支持叶片的工作轮侧壁(又称盖板)通常不是平板。液体由吸入短管流向工作轮入口，由于工作轮旋转，叶片和液流之间发生力的相互作用，叶片两侧的液体产生压力差。叶片对液流的推挤作用造成了液流的强制旋转和径向移动，增大了液流的压强与流动速度，即增大了机械能。工作轮转速、工作轮的尺寸和形状，也就是泵的构造、尺寸、转速与流量，都对液流的能量增量幅值有影响。

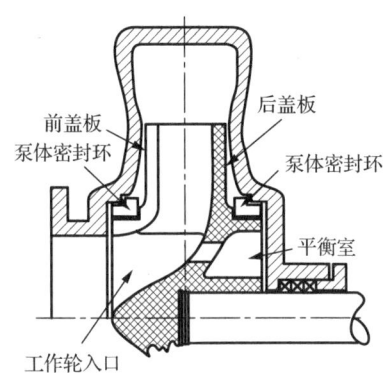

图 8.2 过转轴中线的离心泵剖面结构示意图

8.1.2 泵的基本参数

(1) 流量指泵在单位时间内抽送的液体以质量或者以体积计量的数量，通常分别以 $\dot{m}$ 或 Q 表示。前面已经给出其单位，且 $\dot{m}=\rho Q$。由于历史原因，泵行业的文献中更习惯用重量流量，表示为 $G=\dot{m}g=\rho Qg$。其中，g 是海平面重力加速度常量。

(2) 扬程指流过泵的 1kg 液体的机械能增量(泵抽送的液体的每单位质量的机械能之差)与海平面重力加速度常量的比值，以 H 表示，其标准单位是 m。

在不考虑重力势能时，液体的机械能只有压力势能和宏观动能。单位质量的液体的机械能表示为

$$\frac{p}{\rho}+\frac{c^2}{2} \tag{8-1}$$

式中，c 为宏观流动速度。

(3) 功率。单位时间内流过泵的液体的总重量与其扬程的乘积，称为泵的有效功率，记为 N_e。有效功率与作用于泵轴的轴功率(以 N 表示)之比就是泵的效率，表示为

$$\eta=\frac{N_e}{N} \tag{8-2}$$

(4) 性能曲线。在固定转速下，扬程与流量的关系曲线称为泵的性能曲线。泵的扬程和流量是随着转速的变化而变化的；在转速变化时，扬程、流量和功率根据相似定律变化：流量与转速成正比；扬程与转速的平方成正比；功率与转速的立方成正比。上述关系成立的基础是以下假设：转速变化时，性能曲线上的各点的效率保持不变。如图 8.3 所示，三条实线分别是转速为 n_1、n_2、n_3 的流量-扬程曲线。在不同的流量-扬程曲线上用相似定律联系起来的点称为相应点，可以用二次曲线(图 8.3 中的虚线)将这些相应点连接起来。相应点的效率相同，比转速(图 8.3 中的 n_{s1}、n_{s2}、n_{s3})也相同。

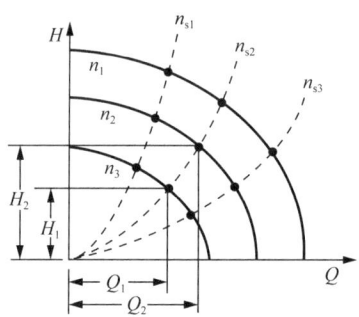

图 8.3 流量和扬程随转速的变化关系示意图

用 n_s 表示的比转速是一个无量纲数,定义为

$$n_s = \frac{n\sqrt{Q}}{(gH)^{3/4}} \tag{8-3}$$

式中,n 为泵轴旋转角速率,单位是 rad/s。比转速是根据最高效率工况下的参数(转速、流量和扬程)计算的。比转速可以表示泵型的特征数,即对于所有相似的泵,其比转速的数值相等。

8.1.3 泵和其他叶轮机械的关系

泵与水轮机从能量转化方向上看过程相反;从液体与叶轮之间力的相互作用机制(流体力学)上看几乎相同;两者在设计理论和结构上具有很多共性。

由于气体和液体具有相近的流体力学属性,可推知泵与压气机、鼓风机、风扇等机械相似。由泵与水轮机的关系、压气机与涡轮的关系,也可进一步推知泵与蒸汽涡轮(汽轮机)或者燃气涡轮也存在一定程度的相似性。

由于气体的可压缩性比液体大,在压气机输送气体时,气体压强升高的同时其温度也有较显著的升高,即原动机的一部分机械能转化成气体的热能。对一些现象加以更细致的分析会发现,泵和压气机的相似性比粗略看到的更大。

8.2 水力学基础

如前文所述,离心泵内液体流道的中线是弯曲的,大部分流道截面(由与转轴同心的圆柱面和流道壁的截线所围成)的形状是不规则的、面积是变化的。在工作时,泵的工作轮中的流道还是旋转的。这使得用数学函数描述液体在泵内的流动问题是很复杂的,特别需要注意,由理想条件导出的水力学关系也不能直接应用到泵内的液流上。

下面回顾水力学基本关系,并概要说明其在离心泵液流分析中的适用性。

1. 伯努利方程适用性

伯努利方程的含义为:液流与外界没有功和热交换,且总能量仅表现为压力势能和动能组成的机械能,则机械能沿着流动路径是守恒的。对于单位质量液体,伯努利方程为

$$\frac{p}{\rho}+\frac{c^2}{2}=\text{const} \tag{8-4}$$

当前述"外界"为其他流管时,沿着同一个流管的液体机械能也守恒。

对照伯努利方程成立的条件检视离心泵内液流,可以明确两点:①离心泵内的流道本身是运动的,流道将能量传递给液体,液体的总能量是增大的;②离心泵内液体流道的中线是弯曲的,彻体离心力随流线曲率而变化,导致二次横流,液体也可能脱离流道壁。因此,即使泵轮静止而致流道不运动,沿同一条流线的机械能也不守恒。

2. 雷诺数的效用

对于直、圆管内的稳定液流,若雷诺数相同,液流的类型(层流和湍流)是相同的、速度分布是相似的,不同直径管路的表面摩擦损失的计算可采用同一摩擦系数:

$$\Delta p = f\frac{L}{D}\frac{\rho c_\text{m}^2}{2} \tag{8-5}$$

式中,L 为管段长度;D 为等效水力直径;f 为摩擦系数;c_m 为截面平均的流速。

对于非圆截面直管,若液流为稳定的湍流,约定等效水力直径 $D=4A/C$,其中 A 是面积,C 是湿周。用上述等效水力直径计算雷诺数、选用圆管摩擦系数。

然而,液流在直、圆管内达到稳定状态的几何条件是管路长度不小于 20 倍管径,这在液体火箭发动机的离心泵中是不存在的。对于离心泵,液流的表面摩擦损失较之使液流产生扰动的局部零件引起的附加漩涡损失是不重要的。漩涡损失所遵循的规律与表面摩擦损失的不同。

因此,对于流过离心泵的做曲线运动的液流、扩散液流和收缩液流,不能只根据雷诺数确定流型、速度分布以及表面摩擦损失和漩涡损失。

3. 曲线流道中的液流速度和压强分布

水力实验表明,在收缩流道内,速度沿流道截面的分布最均匀。因此,离心泵工作轮的吸入流道一般为收缩型,甚至沿流动方向截面逐渐收缩的吸入弯管也像直锥体吸入管一样有效,表明弯管对速度分布的不良影响可以完全被渐缩流道的稳定作用所补偿。

但等截面的弧形或者直角折转弯管内则出现较大的流动速度、压强分布不均匀现象。如图 8.4 所示,在弯管外壁处,既有最大速度又有最大压强;低压区在转弯后又向下游延伸一定的距离,并从内壁产生液体的脱流和形成充满漩涡的空腔。此外,在液流中还

出现两个螺旋横向流动,它们从弯管中部流向外壁,并沿着管路侧壁运动,再转向弯管的内壁。

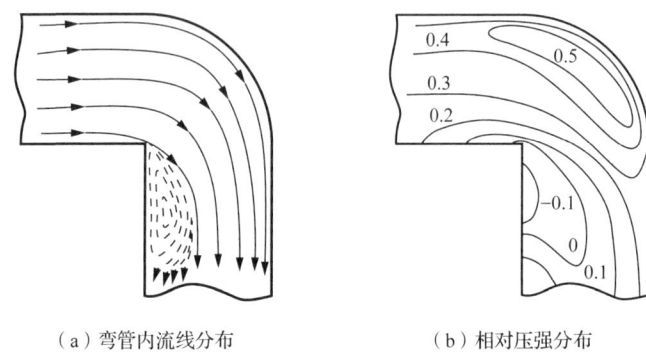

(a)弯管内流线分布　　　　(b)相对压强分布

图 8.4　弯管内流线分布与相对压强分布示意图

在离心泵内,工作轮和泵体的所有流道都是曲线形状的,液流的速度又很大,故其中几乎不存在理想化的直匀速度分布与压强分布情形。

4. 能量坡度

要在静止流道或者运动流道内产生液体流动或者保持液体流动,在液体流动方向上就得发生总机械能降。将表示总机械能沿液流路程变化的图形形象地称为能量坡度。

泵在管路系统内工作,引起能量坡度的阶跃式变化,即使在这种情况下,液流的方向仍然要由泵前、泵内和泵后的能量坡度决定。在运动的流道内,如在泵的工作轮流道内,能量坡度降是相对于零流量时的能量水平而言的。液体刚一开始流动,能量便被液体吸收,以至于总能量将在所有各点低于并将一直保持低于零流量时的水平。

5. 液体压力能转化为动能

在运动的液体中,由于动力作用,沿液流的路程和在液流的横断面上都可能有压强差。

液流横断面上的压强可能这样变化:某些流线的压强增大,而其速度并不减小(与相邻流线之间无剪切作用),即总能量增大。因为整个流道横断面上的液流总能量不会增大,所以一组流线压力能的增大只能是消耗了其他流线的压力能。如图 8.4(b)所示,弯管外壁处的液流压强和速度相对于折转前都增大了,而其机械能的增大是由于消耗了内壁处流线的能量。当然,这个过程是不经济的,通常伴随部分压力能转化为热能。压力能以这种方式传递,而没有流线的实际混合,这种现象与热传导类似,故可比拟为压力能传导。实际上不管是热传导还是压力能传导,微观上都源于分子的动能转移。

由于曲线运动或者旋转运动中所产生的动力的作用,压力能可以由能量较低处流向能量较高处。例如离心泵工作轮的直吸入管,在距离吸入口相当远的截面(记为 AB)上,压强均匀,速度分布也是通常的形式;在靠近吸入口的截面(记为 CD)上,贴近管壁处的压强大于截面 AB 处的压强。根据前文的能量坡度理论,截面 AB 上的机械能是大于截

面 CD 的，故截面 CD 上贴近壁面处压强的增大只能通过管道中心流线上压强的减小来实现。在截面 CD 上，压强分布呈中心低、周边高的抛物面形。而之所以维持此种压强分布，是因为液流有旋转的周向分速度，需要自中心向周边升高的压强来平衡离心力。上述液流路程上压强分布的变化不是通过流线的混合来实现的。

反之，只要采取专门的措施消除液流的圆周分速度，如用导向叶片(对于旋转液流)或一段直管(对于曲线运动液流)，那么由于从高向低流动的自发性而不需伴随流线混合，压力能立刻就会被均衡。如果压力能的变化是由于流线的移位或者流线的混合，这样的变化过程与对流类似。还有另外一种压力能转换形式，转换时没有质点的改变或液流的混合，而是借助运动着的压力波来完成压力能的转换。

6. 压力能的含义

压缩功与压力能的区别如下：压缩功是过程量；压力能是状态量。

与压缩功对称的膨胀功也是过程量。压缩/膨胀功是由流体体积的弹性引起的。对于气体，压缩/膨胀功较显著；而对于液体，压缩/膨胀功可以忽略。

压力能是势能的一种形式，是由流体凝聚状态决定的能量。液体的压力能可以很大，表现为状态参数(压强)很大。

7. 漩涡运动

液体沿圆形轨迹的流动称为漩涡运动。

放大来看，对于漩涡中的每个液体微团，离心力应当被压力所平衡，表示为

$$\frac{\mathrm{d}p}{\mathrm{d}r} = \rho \frac{v^2}{r} = \rho \omega^2 r \tag{8-6}$$

式中，r 为液体微团到当地轨线圆的圆心(漩涡中心)的距离；p 为液体微团所在位置的压强；v 为液体微团的速度在当地轨线圆的切线方向的分量；ω 为对应的角速率。

对于式(8-6)，若已知角速率随位置的变化关系，可积分获得压强沿漩涡径向的分布。若将角速率分布形式限定为

$$\omega = Cr^m \tag{8-7}$$

式中，C 为一个常量。对自由漩涡，$\omega = Cr^{-2}$ 或者 $vr = C$，液体微团的角动量守恒，则漩涡的压强分布为

$$\frac{p}{\rho} + \frac{v^2}{2} = \mathrm{const} \tag{8-8}$$

若将上述自由漩涡叠加到轴向等速的液流上，则液体微团的机械能是守恒的。

强制漩涡的角速率为常数，即液体像刚体一样旋转。根据式(8-6)，强制漩涡的压强分布是二次抛物面。强制漩涡可以叠加到径向出流的液流上，其合成运动是螺旋形的强制漩涡，在离心泵的工作轮流道中可出现这种流谱。若不计损失，漩涡边缘的液体具有工作轮给予的全部机械能。为了形成径向流动，工作轮流道中的能量坡度必须低于强制

漩涡的压强抛物面。换言之，强制漩涡的压强抛物面表示强制漩涡的静止平衡状态，就像水平面表示静止液体的平衡状态一样。为了产生流动，能量坡度在液体流动方向必须降低到低于零流量时的数值，如图8.5所示。

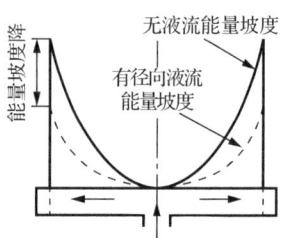

图 8.5 强制漩涡的能量坡度

8.3 离心泵工作轮作用理论

假想叶片无限薄且无限多，这时离心泵工作轮内的液流就将是轴对称的射流。而在叶片厚度和数目都是有限值的实际流道内，由于叶片和液流间的相互作用，液流相对速度的分布并非轴对称，并且叶片背风面的相对速度是大于迎风面的。当叶片数相当多而叶片之间的流道不太宽时，工作轮中液体的流动接近射流，这时每个截面(以轴心为中心的圆)上相对速度的平均值可由连续方程来求，其方向是近似沿着流道中线切线的。

与无限叶片数对应的射流理论是分析叶片机械工作原理的基础。本节所述不同半径截面上的速度三角形都是指所在截面上的液流平均值。

8.3.1 速度三角形

图 8.6 是离心泵工作轮垂直于转轴的一个切面，粗黑曲线是叶片与切面的截线，这些截线的两个端点位于同心的内、外圆上；工作轮做逆时针转动，旋转角速率记为 ω。对照图 8.6，下标"1"表示工作轮入口截面(在图 8.6 中是半径为 r_1 的圆)上叶片前缘点的位置；c_1 为该处液体的绝对运动速度；w_1 为该处液体相对于叶片的速度；u_1 为该处叶片质点的线速度，即液体的牵连速度；α_1 为牵连速度偏离绝对速度的角度，它是逆时针转过的角。下标"2"表示工作轮出口截面(在图 8.6 中是半径为 r_2 的圆)上叶片前缘点的位置。

只关注工作轮入口和出口处的液流速度三角形。须注意：绝对速度是相对于泵体的速度；相对速度是相对于旋转着的工作轮的速度；绝对速度总是等于相对速度和工作轮旋转所致牵连速度的矢量和。由速度三角形可知：

$$\begin{cases} w_2^2 = c_2^2 + u_2^2 - 2c_2 u_2 \cos\alpha_2 \\ w_1^2 = c_1^2 + u_1^2 - 2c_1 u_1 \cos\alpha_1 \end{cases} \tag{8-9}$$

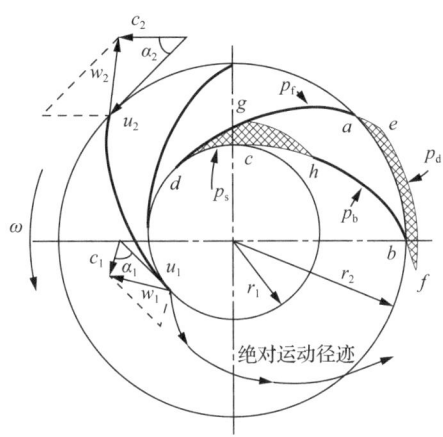

图 8.6 工作轮中的流体速度和流动分析控制体示意图

为以后表示的简便，以 w_u 和 c_u 表示相对速度和绝对速度的圆周切向分量；以 c_m 表示绝对速度的圆周法向分量，也称为轴面速度。

8.3.2 理论扬程

关注充满工作轮两相邻叶片之间的空间的液体，流动是稳态的。如图 8.6 所示，在 $t=0$ 时，关注的液团被圆弧 $\overset{\frown}{ab}$、工作轮线 $\overset{\frown}{bc}$、圆弧 $\overset{\frown}{cd}$ 和工作轮线 $\overset{\frown}{da}$ 包围；经过时间间隔 dt 后，该液团占据的空间的四个角点为 e、f、g、h。自工作轮两叶片之间的流道流出的液体无限薄层（观察终了时刻占据的空间的四个角点为 a、e、f、b）质量记为 dm，其等于在时间间隔 dt 内由内圆一侧进入工作轮流道的液体（观察终了时刻占据的空间的四个角点为 c、d、g、h）质量。工作轮内圆弧 $\overset{\frown}{gh}$、工作轮线 $\overset{\frown}{hb}$、圆弧 $\overset{\frown}{ba}$ 和工作轮线 $\overset{\frown}{ag}$ 包围空间内的液体对于转轴中心线的动量矩没有变化；因此四个角点为 a、b、c、d 的工作轮两叶片之间的空间内的液体动量矩的变化量等于进入和流出工作轮的液团的动量矩之差。假想两叶片之间的流道无限薄，以 δM 表示作用在工作轮两叶片之间的整个空间（四个角点为 a、b、c、d）的全部外力矩（对于转轴中心线的），动量矩定理要求：

$$\delta M = \frac{dm}{dt}(r_2 c_2 \cos\alpha_2 - r_1 c_1 \cos\alpha_1) \tag{8-10}$$

作用在两叶片间液体上的外力如下。

(1) 叶片压力面的压强（p_f）与吸力面的压强（p_b）产生的作用力。

(2) 两叶片之间的流道出口截面上的压强（p_d）与入口截面上的压强（p_s）产生的作用力。这两个截面的微元面的法线都沿径向，其上作用力对转轴轴线的力矩都为零。

(3) 水力摩擦力。这个力的方向沿着叶片表面型线微元的切向，与液流的相对运动方向相反，产生一个不为零的力矩。对于理想流体，忽略水力摩擦力。

当把 dm/dt 扩展到整个工作轮（全周长）的流道时，它表示泵的质量流率，表示式为

ρQ。假想叶片数目无限大,所有液体质点的进、出工作轮的速度夹角都分别为 α_1 和 α_2,记总的外力矩为 M,获得功率平衡方程为

$$N = M\omega = \rho Q \omega (r_2 c_2 \cos\alpha_2 - r_1 c_1 \cos\alpha_1) \tag{8-11}$$

式中,N 是可正可负的。式(8-11)是适用于所有叶片机械的欧拉方程。具体到离心泵,认为从工作轮到扬程测点之间无扬程损失,泵的理论扬程(记为 H_i)表示为

$$H_i = \frac{N}{\rho Q g} = \frac{u_2 c_{u2} - u_1 c_{u1}}{g} \tag{8-12}$$

利用式(8-9)的速度三角形关系,式(8-11)可整理为

$$\frac{N}{\rho Q} = \frac{c_2^2 - c_1^2}{2} + \frac{u_2^2 - u_1^2}{2} + \frac{w_1^2 - w_2^2}{2} \tag{8-13}$$

从液体比能的构成角度考虑,式(8-13)等号右手侧第一项表示动能的增量,第二和第三项合在一起表示压力势能的增量。在一般情况下,虽然速度可以用分速度表示,但是动能只能用合成速度或者绝对速度的平方项来表示。需强调的是,单独对第二项或者第三项附会任何物理意义都是无益的,而且由于 $r_2 > r_1$,第二项是正值,第三项是负值。

8.3.3 工作轮的吸入口和预漩

工作轮对液流的作用能够传播到入口上游相当远的地方,其表现之一是在吸入短管内液流产生预漩。

根据最小能量原理,液体选择阻力最小的路线流向、流过和流出工作轮。显然,液体以接近叶片角(β_1,如图 8.7 所示,为叶片前缘型线的切线与当地圆周的切线之间的夹角)的角度进入工作轮流道时,液流的阻力最小。在给定的工作轮转速下(等效地,$u_1 = \omega r_1$ 为给定量),只有一个流量(对应着一个圆周法向分速度 c_{m1}),在这个流量下液体能沿着轴面进入工作轮,即液体没有预漩($c_{u1} = 0$),如图 8.7(a)所示。当液体流量比该转速下的名义流量小得多时,如图 8.7(b)所示,液体的预漩方向与工作轮的旋转方向相同($\alpha_1 < 90°$),以便有可能在接近 β_1 的角度下进入工作轮流道。但是,在液体流量大于该转速下的名义流量时,预漩必须向着相反的方向($\alpha_1 > 90°$,如图 8.7(c)所示),以便使液流满足最小阻力的要求。

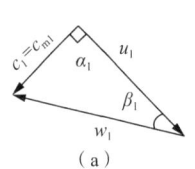
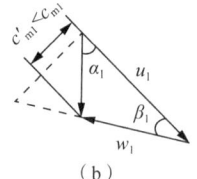
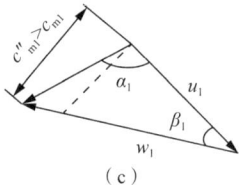

图 8.7 不同流量的工作轮入口速度三角形示意图

在实际泵内,液体流动情况符合上述分析,只是由于吸入短管和更上游管路结构的影响而可能稍有改变。应当指出,吸入口上游液体的旋转不是工作轮本身的旋转带动的,这是因为工作轮不能促使液体向与其本身旋转方向相反的方向旋转。

液流产生预漩对于增压效果是有损害的。当流向工作轮吸入口的液流获得了预漩,其方向与工作轮的旋转方向一致时,工作轮将不能使液体产生以前那样多的圆周分速度。在这种情况下,工作轮叶片的入口部分对液流不起作用,也不需要从传动轴取得功率,因此扬程减小。

在现代离心泵内,吸入短管和工作轮入口的结构在很大程度上能够消除预漩。虽然液体倾向于沿着最小阻力路线进入工作轮流道,但是并没有足够的时间和空间使流线完成调整而无冲击地流入,结果是在偏离名义流量时便产生液体与工作轮叶片的脱流现象,造成叶片表面的点蚀。

8.3.4 欧拉性能曲线

当液流在工作轮入口处无预漩时,根据理论扬程(式(8-12))的定义可得

$$H_i = \frac{N}{\rho Q g} = \frac{u_2 c_{u2}}{g} = \frac{u_2^2}{g} - \frac{u_2 Q}{g A_2 \tan \beta_2} \tag{8-14}$$

在 Q-H_i 平面上,式(8-14)表示一条直线,与扬程轴的交点为 $H_e = u_2^2/g$,与流量轴的交点为 $Q_{max} = A_2 u_2 \tan \beta_2$,其中 A_2 是垂直于轴面速度 c_{m2} 的工作轮出口面积。

8.3.5 实际离心泵工作轮的液流

工作轮叶片不能传递产生欧拉扬程所需要的功率,液体也无法吸收这些功率。其原理说明如下。

1. 压强分布与相对环流

叶片迎风面的压强总是大于背风面的压强,而背风面的相对速度大于迎风面的相对速度;叶片之间的流道内存在相对环流,如图 8.8 所示。

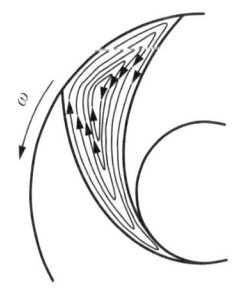

图 8.8 工作轮流道内的相对环流示意图

可用图 8.9 来说明相对环流的发生原理。圆形容器中装载理想液体,容器本身围绕过点 O 的轴转动。由于惯性,液体质点的绝对运动具有平移的倾向,如箭头 N 所指示。

比较箭头 N 的末端和点 A 的相对位置可知,液体相对于容器做与牵连运动(逆时针方向的旋转)方向相反的旋转运动。因此,液体的无漩的绝对运动表现于相对运动中就成为有漩的旋转运动了。这种相对环流叠加在工作轮内径向出流的液流上,则叶片背风面上的速度增大而迎风面上的速度减小。

相对环流使液体的出口角减小、入口角增大。如图 8.10 所示,当出口面上存在与工作轮旋转速度方向相反的圆周速度分量时,液流出口角比叶片角小($\beta_2' < \beta_2$)。同理可以推测相对环流对入口角的影响趋势。入口角增大,使液流的预漩比按照欧拉速度三角形求出的预漩更大。对于实际液体,若其相对运动角度和叶片角相等,叶片便不能把能量传递给液体。

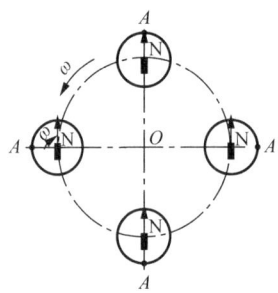

图 8.9 容器绕定轴转动引起的相对环流示意图

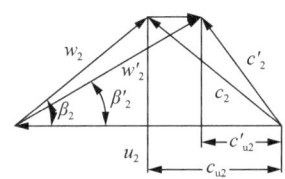

图 8.10 工作轮流道内相对环流对出口速度三角形的影响示意图

在叶片间的流道中,从叶片背风面到迎风面,相对速度 w_2 渐次减小。参照图 8.7(b),对于给定的出口叶片角 β_2,相对速度 w_2 越大则产生的扬程就越小。其结果是,工作轮产生的总扬程低于按照液流平均速度(也是无限叶片数时的速度)计算的扬程。显然,随着叶片数目的增大,相对环流减小,扬程也增大。

另外,工作轮盖板的表面摩擦对抑制工作轮流道内的相对环流也有效果。

2. 液流弯曲造成的轴面速度不均匀

即使在无限叶片数的泵内,在轴向剖面从工作轮入口到出口的流道是弯曲的,在叶片对液流发生作用之前,液体转了一个几乎 90° 的弯。弯道中速度分布不均匀使可能产生的最大扬程再次减小。

3. 叶片的低能效部分

不论在实际的泵内还是在理想的泵内,在叶片端部,叶片迎风面和背风面的压力差并不存在。也就是说,叶片出口端部对液体增压没有贡献。

如图 8.11 所示,作用在叶片两个面上的压力差以入口端附近为最大,在出口端附近减小到零。在实际的泵内,这种压力分布并没有带来任何的附加损失。

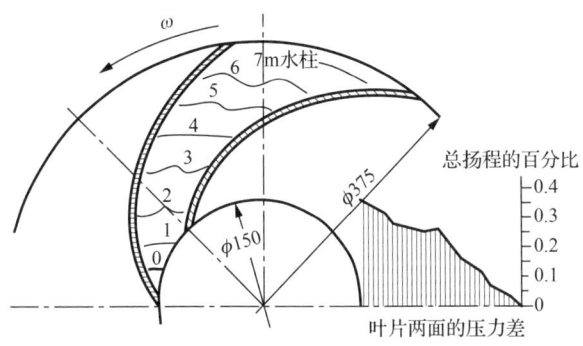

图 8.11 工作轮流道内的压力分布示意图

综上，每个叶片只能传递一定的能量，而液体也只能接收一定的能量，这个能量小于由欧拉方程确定的量。

8.3.6 欧拉扬程的漩涡理论

经过工作轮的液流的运动可分解为两种：由叶片的推动作用引起的绕轴线的旋转运动和由能量坡度降引起的径向运动（或称为轴面运动）。其中，液流的圆周分速度产生漩涡运动。漩涡的形式由速度的分布和压强的分布决定，可通过欧拉方程来分析。

先研究液流进入径向工作轮吸入孔时无预漩的情况，由式(8-14)并结合图 8.10 的速度三角形，欧拉扬程方程为

$$H_i = \frac{u_2 c_{u2}}{g} = \frac{u_2^2}{g} - \frac{u_2 c_{m2}}{g \tan \beta_2} = \frac{u_2^2}{g} - \frac{u_2 w_{u2}}{g} \tag{8-15}$$

式(8-15)中只有圆周速度，这表明全部扬程由垂直于旋转轴线的平面中的漩涡作用产生。上述结论对于所有的叶片泵都是正确的，包括径流泵和轴流泵。

当流量为零（$w_{u2}=0$）时，欧拉扬程方程变为

$$H_i = \frac{u_2^2}{g} = 2\frac{u_2^2}{2g} \tag{8-16}$$

式中，u_2 为出口截面所在圆的圆周切向速度。对于任意半径的圆截面，圆周切向速度和该处扬程都满足上述关系。因此，总扬程的一半为动压扬程，另一半为静压扬程。对于强制漩涡，这种分布是很典型的，如图 8.5 所示的强制漩涡中压强分布。

可用图 8.12 来示意扬程的径向分布以及流动对扬程的影响。图 8.12 中的横坐标为径向距离，抛物线 OA 表示流量为零时的总扬程沿径向分布，在出口半径处总扬程为 EA；液体的径向运动一启动，扬程随之降低 $u_2 w_{u2}/g$ 的量值，其中 w_{u2} 与流量成正比，在出口半径处总扬程变为 EC，扬程沿半径变化的曲线更改为抛物线 OC。出口半径处扬程降低的量值就是液流所必需的能量坡度降，即使在理想泵（无损失）中亦如此。同样的原理，要进一步增大液流的流量，也必须使能量坡度进一步降低。因此，对于每一个流量，在 OA 和 OE 之间都相应地有一条抛物线表示扬程沿工作轮半径的变化情况。

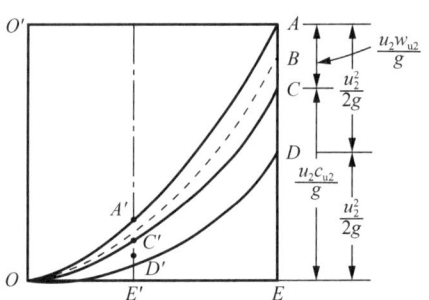

图 8.12 径流式工作轮的欧拉扬程示意图

在纯径向工作轮内,相对速度和叶片角沿半径方向的变化不大,相对速度的圆周切向分量的变化也不大,故可将沿半径方向的能量坡度降视为与 u_2 成正比,这类似于液体以等速流过管路时的水力坡度降。只不过此处不是沿程水力损失,而是工作轮的涡轮反作用。在抽送液体时,工作轮就像涡轮中的转子一样,若使工作轮入口处的液体扬程相对于出口处有量值为 u_2w_{u2}/g 的增加,并且涡轮中的液流方向和工作轮中的液流方向相同,则由涡轮反作用力引起的旋转速度将和泵的旋转速度相同。因此,由涡轮反作用力所引起的转矩的作用方向与原动机传递给泵的转矩的方向相同,使工作轮的输入功率减少。在理想泵内是没有损失的,涡轮反作用力把由能量坡度降引起的液流所产生的功率还给了泵轴,使理想的泵也达不到 100%的转化效率。泵工作轮的涡轮反作用力与直流发电机中电枢的反作用力相类似。此时从另一个角度可以写出

$$\frac{u_2^2}{g} = \frac{u_2 c_{u2}}{g} + \frac{u_2 w_{u2}}{g} = 泵送作用 + 涡轮反作用 \tag{8-17}$$

如果在工作轮入口前有预漩,则欧拉扬程方程变为

$$H_i = \frac{u_2 c_{u2}}{g} - \frac{u_1 c_{u1}}{g} = \frac{u_2^2}{g} - \frac{u_2 w_{u2}}{g} - \frac{u_1 c_{u1}}{g} \tag{8-18}$$

由式(8-18)可以形式化地整理出

$$\frac{u_2^2}{g} = \left(\frac{u_2 c_{u2}}{g} - \frac{u_1 c_{u1}}{g}\right) + \left(\frac{u_2 w_{u2}}{g} + \frac{u_1 c_{u1}}{g}\right) = 泵送作用 + 涡轮反作用 \tag{8-19}$$

式(8-19)与式(8-17)显示,对于任意流量,也无论工作轮入口是否有预漩,原动机引致的泵轴旋转都是被泵送作用和涡轮反作用所平衡的。

最后,利用速度三角形中的如下几何关系式:

$$\begin{cases} c_1^2 = c_{u1}^2 + c_{m1}^2, & w_1^2 = w_{u1}^2 + c_{m1}^2 \\ c_2^2 = c_{u2}^2 + c_{m2}^2, & w_2^2 = w_{u2}^2 + c_{m2}^2 \end{cases} \tag{8-20}$$

结合式(8-13)，可将总扬程表示为

$$H_\mathrm{i} = \frac{u_2^2 - u_1^2}{2g} + \frac{c_{\mathrm{u}2}^2 - c_{\mathrm{u}1}^2}{2g} + \frac{w_{\mathrm{u}1}^2 - w_{\mathrm{u}2}^2}{2g} \tag{8-21}$$

式(8-21)等号右手侧只有圆周切向分速度。这又一次证明，总扬程的每一分量都是漩涡运动，不论泵送作用还是涡轮反作用。

8.4 比转速与工作轮参数选择

8.4.1 离心泵参数的量纲分析

先将量纲分析法应用到离心泵的性能影响因素分析中，导出比转速和速度系数。

描述离心泵运行情况所必需的量有 6 个，即 Q、n、D、ρ、μ、E，其中后两个分别为液体的动力黏度、单位质量液体的能量增量(比能增量，$E = gH$)。这些量可以用三个基本量来度量，即长度(量纲符号为 l)、时间(量纲符号为 t)和质量(量纲符号为 m)。6 个量之间的关系可用一个函数表示为

$$f(Q, n, D, \rho, \mu, E) = 0 \tag{8-22}$$

根据量纲分析法，表示各量间关系的方程可以写为

$$f(\Pi_1, \Pi_2, \Pi_3) = 0 \tag{8-23}$$

式中，希腊字母 $\Pi_i (i = 1, 2, 3)$ 是无量纲量，表示为如下形式的幂积：

$$\Pi_i = Q^{\alpha_i} n^{\beta_i} D^{\chi_i} \rho^{\delta_i} \mu^{\varepsilon_i} E^{\phi_i}$$

式中，α_i、β_i、χ_i、δ_i、ε_i、ϕ_i 可以是整数、分数或者零。

若选择 Q、n、ρ 作为三个自变量(选择的自变量必须包含三个基本量的量纲。请读者尝试其他选择并验证)，而将无量纲量 Π_1、Π_2、Π_3 表示为

$$\begin{cases} \Pi_1 = Q^{\alpha_1} n^{\beta_1} \rho^{\delta_1} D \\ \Pi_2 = Q^{\alpha_2} n^{\beta_2} \rho^{\delta_2} \mu \\ \Pi_3 = Q^{\alpha_3} n^{\beta_3} \rho^{\delta_3} E \end{cases} \tag{8-24}$$

式中，α_i、β_i、δ_i $(i = 1, 2, 3)$ 是待求的未知数。

将 Π_1 用三个基本量的量纲幂积表示为

$$\Pi_1 = Q^{\alpha_1} n^{\beta_1} \rho^{\delta_1} D = (l^3 t^{-1})^{\alpha_1} (t^{-1})^{\beta_1} (ml^{-3})^{\delta_1} l = l^{3\alpha_1 - 3\delta_1 + 1} t^{-\alpha_1 - \beta_1} m^{\delta_1} \tag{8-25}$$

根据 Π_1 是无量纲量的要求，各基本量的幂等于零，据此可得到

$$\alpha_1 = -\frac{1}{3}, \quad \beta_1 = \frac{1}{3}, \quad \delta_1 = 0$$

据此可得在式(8-24)中 Π_1 的形式为

$$\Pi_1 = \left(\frac{n}{Q}\right)^{1/3} D$$

同理，可得

$$\Pi_2 = \frac{\mu}{\rho(nQ^2)^{1/3}}, \quad \Pi_3 = \frac{E}{(n\sqrt{Q})^{4/3}} = \frac{gH}{(n\sqrt{Q})^{4/3}}$$

对几何相似的工作轮和动力相似的工况，上述无量纲量的数值都是相等的，而与工作轮的转速、尺寸无关，这些就是离心泵的准则数。进一步，对于相似的泵，这些准则数的乘积或者任意次幂也是常数，也可以作为离心泵的准则数。

8.4.2 特征准则数的应用

根据上述原理，可以按照使用目的组合出所需要的准则数，比如，

$$\Pi_4 = (\Pi_1 \Pi_2)^{-1} = \frac{\rho Q}{\mu D} \tag{8-26}$$

$$\Pi_5 = (\Pi_3)^{-3/4} = \frac{n\sqrt{Q}}{(gH)^{3/4}} \tag{8-27}$$

$$\Pi_6 = (\Pi_1)^{-2} \Pi_3 = \frac{gH}{(nD)^2} \tag{8-28}$$

式(8-26)是雷诺数的一种表达形式，其中工作轮直径 D 表示离心泵内液流的空间尺度，而 Q/D^2 表示液流速度。此处应再次明确：不论是按式(8-26)计算的雷诺数，还是在泵流道的几个断面上按照 $Re = \rho \bar{c} D / \mu$（$\bar{c}$ 为平均流速）求出的雷诺数，都不能作为判断流过离心泵的液流性质的准则数。

式(8-27)是前文已经介绍的比转速的表达式，见式(8-3)。

将式(8-28)稍作改变即得到扬程系数，表示泵的扬程与流量为零且径向流进(液体无预漩)时的最大理论扬程的比值。扬程系数表达式为

$$\psi = \frac{H}{u^2/g} = \frac{4gH}{(nD)^2} \tag{8-29}$$

对动力相似的离心泵内液流，当转速、工作轮直径和动力黏度改变时，三个相似准则数必须保持不变。但实际上，上述三个准则数不可能同时保持为常数。例如，以 Π_4、Π_5 和 Π_6 作为相似准则数，若运动黏度($\nu = \mu/\rho$)保持不变而工作轮直径、转速变化，则当 Π_5 和 Π_6 为常数时，雷诺数(Π_4)变化。请读者试论证之。

在实际使用时，雷诺数的改变对泵的性能曲线影响不大；在转速和工作轮直径的很大范围内，相似定律的精度是能够满足要求的，而且是所有泵的设计计算的基础。

8.4.3 工作轮参数选择

1. 转速

工作轮的设计始于给定的流量和扬程，首先选择转速即可确定比转速。转速的选择是否适当，可以依据经验性的效率与比转速及流量的关系曲线来判定。通常对于具体的比转速值，只有一个效率极值。如果期望效率最高，可以在相应流量的效率-比转速曲线上取最高点对应的比转速值，计算出对应的最佳转速值。

2. 工作轮直径

若已经有比转速相等的参考离心泵，接下来可依据前述的准则数 $\Pi_1 = (n/Q)^{1/3} D$ 相等的要求，确定工作轮直径：

$$\left(\frac{D_2}{D_2'}\right)^3 = \left(\frac{n_2'}{Q_2'}\right)\left(\frac{Q_2}{n_2}\right)$$

式中，带上撇的变量为参考离心泵的参数。工作轮直径受到叶尖圆周速度上限的限制，这个量是由材料强度决定的，最大约为 450m/s。

3. 叶片角

叶片角 β_2 的选择与所要求的性能曲线的变化梯度有关，也与是否要求由给定直径的工作轮取得最大的输出功率有关，这是因为扬程和流量都随着叶片角的增大而增大。对于所有比转速，叶片角的平均值约为 22.5°，通常为 17.5°～27.5°。

高效率离心泵的比转速为 0.2～1.2；当叶片角较小时一般采用的叶片数为 8，最小值是 6。

8.5 离心泵的损失与性能曲线

流过泵的全部液体的机械能的增量与作用于泵轴的外力矩所做功的比值定义为泵的效率。

在叶片式机械领域，理论和实验研究的相当大一部分工作是关于损失问题的。现在大部分泵的正常总效率为 75%～92%，依据的形式和尺寸而不同。效率的提高是在黏性流体力学的基础上对损失的物理机制有更好认识并在工程上掌握了抑制损失的技术的结果。

1. 损失的类别

泵内的损失可分为三类：水力损失、容积损失和机械损失。水力损失的物理机制最复杂，很难通过试验进行测定，而容积损失和机械损失比较容易进行测定。

水力损失的本源在于黏性液体流动时伴随着机械能向热能的蜕化。从宏观力学角度看，黏性液体内平行于流动方向的面上存在切应力；从微观力学角度看，(层流中仅)存在垂直于流动方向上的分子动量交换，或者(在湍流中)还包括若干分子组成的集团的整体动量交换。叶片、盖板对液体的黏滞作用主要表现在附面层内以及下游。

从现象学角度讲,水力损失由下列原因引起:一是表面摩擦损失;二是由液流速度的大小和方向改变而引起的漩涡损失及脱流损失。后者包括冲击损失和扩散损失。

2. 摩擦损失和扩散损失

泵内总的流程的各部分,包括吸入短管、工作轮流道、涡形体和吐出短管,都存在摩擦损失。摩擦损失与流道壁的表面粗糙度有很大关系,与流道湿润表面积、流动形态也有关。工作轮流道、吐出短管内的扩散损失与摩擦损失相似。涡形体内的扩散损失主要由涡形体内平均流速较低而工作轮出口流速较高,在涡形体内引起射流摩擦所致。

由于影响因素多、关系复杂而无法用细致的理论方法预测,通常用流量平方项的一定比例量来统一估计摩擦损失和扩散损失,所致扬程损失表示为

$$H_{\mathrm{d}} = K_1 Q^2 \tag{8-30}$$

3. 漩涡损失和脱流损失

漩涡损失和脱流损失集中在工作轮流道内,但工作轮流道内的水力损失不限于这两种。

(1) 在叶片表面的附面层内,当液体质点的动能不足而引起脱附时,就形成随流漩涡。如图 8.13 所示,这种现象发生在工作轮叶片外缘的背面(吸力面)。直观的实验研究表明,为了消除这种漩涡,建议工作轮流道内的平均相对速度保持接近常量。

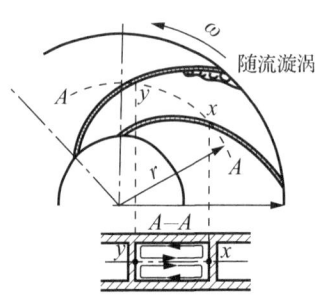

图 8.13 工作轮流道内叶片末端的随流漩涡与径向漩涡示意图

即使叶片外缘的背面无漩涡,工作轮出口面的侧壁上也会出现漩涡,这种漩涡来自液流的速度间断。工作轮出口的液流速度高,而周围涡形体内的液流速度低,沿工作轮侧壁流动的质点速度也低,这种速度间断就造成了漩涡。

(2) 液体在工作轮盖板上的附面层内,自叶片工作面的高压区向相邻叶片的背面的低压区流动而产生漩涡。这就产生了二次回流,并形成端部漩涡。如图 8.13 中 A—A 截面上的漩涡示意图。这种漩涡的强度与叶片两侧的压强差即叶片单位面积上的负载有关。

(3) 流体动力学表明,如果在液流方向上发生碰撞,则碰撞的大部分能量是可以回收的。在离心泵内,为了避免碰撞,液流在工作轮入口前发生了预漩;在工作轮出口外,涡形体内产生了速度坡度,这就纾缓了碰撞。在工作轮入口处水力损失的性质是在脱流后液体的突然膨大或者扩散所引起的损失,如图 8.14 所示。

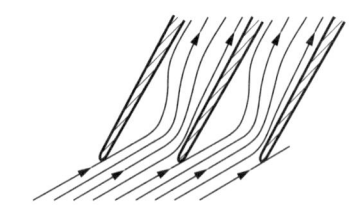

图 8.14 有冲击损失的工作轮入口处流动示意图

假如工作轮的结构使流量为Q_s时能保证液流方向和叶片的入口角、出口角一致,这两处没有附加损失。在流量大于或者小于Q_s时,液流速度的方向和大小将发生改变而使附加损失不为零,此时附加损失可以表示为

$$H_s = K_2(Q - Q_s)^2 \tag{8-31}$$

4. 流量-总扬程曲线

理想离心泵的流量-扬程曲线是一条直线。对给定的叶片角,如果以无量纲坐标作图,一条直线代表了各种比转速的离心泵的性能曲线。对于某一台泵,当额定工况的参数(H,Q,n)选定后,最高效率工况点的位置和比转速就确定了。再选定主要流道的尺寸(D)后,水力损失就确定了,实际泵的流量-扬程曲线也可以确定了。

当转速不变时,可用从理想泵的扬程中减去各种损失的方法来求得实际泵的流量-扬程曲线,表示为

$$H = H_i - K_1 Q^2 - K_2(Q - Q_s)^2 \tag{8-32}$$

对式(8-32)的解释如图 8.15 所示,其最高点被移到了扬程轴线的右侧。

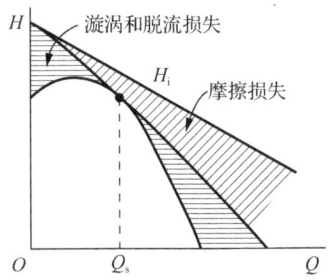

图 8.15 从理论扬程中减去水力损失后的流量-扬程曲线示意图

当考虑包含转速变化的离心泵的性能曲线时,可以采用的一般方程为

$$H = An^2 + BnQ + CQ^2 \tag{8-33}$$

式中,A、B 和 C 为与泵的结构有关的一些常数。

5. 容积损失和机械损失

引起容积损失的原因如下:在泵的内部,沿着转子(由转轴和工作轮组成的组合体)和泵体之间的缝隙产生液体泄漏,使被工作轮增压的液体由出口一侧回流到低压的入口一侧或者其他地方,而没有进入吐出短管。上述现象使泵的有效流量减少。计算泵的功率平衡时需要考虑容积损失。

机械损失包括:工作轮朝向泵体的外侧面对液体的摩擦,这称为轮盘损失;轴承内的摩擦;轴对轴孔中填料的摩擦。

8.6 离心泵中的汽蚀

1. 定义

"汽蚀"这一术语是指泵内产生的一种现象：局部的压强降低到液体当地温度对应的饱和蒸气压，液体沸腾而形成充满蒸气的气泡；当这些气泡流到高压区域或者气泡周围的液体压强陡升时，蒸气冷凝而致气泡溃灭。

显然，从液体中释放出空气或者其他气体而形成气泡的现象对泵的性能曲线以及对泵工作的影响是与汽蚀不同的。

汽蚀与脱流也不同。脱流是流线从叶片低压侧的表面分离，并在叶片后面形成紊乱的尾流。只有实际的黏性液体才能产生脱流，而理想的液体也可以产生汽蚀。实验已经确定，没有汽蚀时也可能有脱流，没有脱流时也可能有汽蚀。

液体压强降低到饱和蒸气压之下，可能是整个系统的总压降，更可能是局部压降。局部压降的原因可能是：

(1) 提高了泵的转速，增大了液体的流速；
(2) 黏性液体的脱流或收缩；
(3) 流线偏离正常的轨迹，如在转弯处或者绕流某种物体时。

2. 汽蚀的特征与影响

1) 噪声和振动

当气泡进入泵的高压区而突然溃灭时，气泡周围的液体质点都向中心加速运动，它们的撞击产生噪声和振动。泵在正常运行范围内，只有当吸入压强过小时才发生汽蚀；当泵在远离最佳效率点的工况下运行时，由于工作轮入口处的液流攻角与叶片角不匹配，在较多的工况下都会发生汽蚀，伴随程度不同的噪声和振动。（对于大气环境中的水泵，允许少量空气进入泵的进水短管，几乎可以完全消除噪声。）

2) 流量-扬程曲线和效率曲线的突然降低

液体火箭发动机的泵的比转速一般较小，工作轮流道呈狭长的径向式。当流量增大到开始发生汽蚀的数量时，扬程、水力效率都发生陡峭的降低。

这是因为，当工作轮入口处（通常在叶片入口边的背面）的压强降低到饱和蒸气压后，再稍微增加一些流量或者降低一些扬程，与饱和蒸气压相等的区域立刻就扩展到整个入口截面。由于使液体流向工作轮（也就是决定流量）的压强差是泵的吸入压强与工作轮入口截面上的汽化压强之差，即使吐出压强再继续降低，流量也不会继续增大了。同样，工作轮入口处汽蚀区实际上也阻断了叶片将功率传递给液体的路径，因此效率也下降。

3) 工作轮叶片表面的点蚀及金属的腐蚀疲劳破坏

如前所述，汽蚀区蒸气泡的溃灭造成液体射流碰撞，结果引发局部区域的压强振荡。实验测量结果表明，压强振荡频率可以到数百甚至上万赫兹，压强峰值达到数百个大气压。

若气泡发生在工作轮流道壁面，在连续的压力波作用下，液体能渗入和流出金属的空隙，这能使金属材料质点脱离母体而被液体带走，形成点蚀。

用类似过程也可以部分地解释发生汽蚀时产生金属腐蚀疲劳的原因，即在交变应力作用下金属损坏的原因。

3. 汽蚀的流体力学和热力学关系

工作轮入口截面上开始发生汽蚀的流体力学条件为

$$H_\mathrm{a} + H_\mathrm{s} = H_1 + H_\mathrm{v} + \frac{c_1^2}{2g} + \lambda \frac{w_1^2}{2g} \tag{8-34}$$

式中，各项的量纲都是长度。其中，H_a 为推进剂储箱中增压气体的压强；H_s 为火箭竖立在重力场中时，从储箱液面到泵吸入口中线水平面之间的液柱高度；H_1 为液体流到泵吸入口之前的沿程损失；H_v 为给定温度下的液体饱和蒸气压；c_1 和 w_1 分别为工作轮入口处的平均绝对速度和平均相对速度；λ 为实验系数。$\lambda w_1^2/(2g)$ 代表汽蚀点上低于当地平均静压强的局部压降。为了能抑制汽蚀的发生，必须保证 $H_\mathrm{a} + H_\mathrm{s}$ 始终高于特定的量值。

发生汽蚀时形成蒸气泡的过程是液体快速沸腾的过程。为了使液体沸腾，必须从液流中取得汽化热。只有在液体温度高于相应于汽蚀区域内的饱和蒸气温度的情况下，才有可能从液体中取得必需的热量。换言之，相对于当地的静压强，液体是过热的。反之，当蒸气泡溃灭时，蒸气的冷凝也有一个迟滞，即相对于当地的静压强，蒸气是过冷的。

发生汽蚀时，泵的流量-扬程曲线的变坏程度与蒸发的液体数量有关，也与在汽蚀范围内的压强作用下的蒸气的比容有关。

思考与练习题

8-1 如何理解"吸入口上游液体的旋转不是工作轮本身的旋转带动的"以及"液流产生预漩对于增压效果是有损害的"？

8-2 如何理解"在理想泵内是没有损失的，涡轮反作用力把由能量坡度降引起的液流所产生的功率还给了泵轴，使理想的泵也达不到100%的转化效率"？

8-3 当考虑包含转速变化的离心泵的性能曲线时，采用式(8-33)所示方程的形式。试查阅文献，绘制一种液体火箭发动机离心泵的性能曲线，以流量(Q)为横轴，转速(n)为参变量，扬程(H)为纵轴。

第 9 章 涡轮气动热力学原理

涡轮的工作参数通常由发动机热力循环给定,包括进排气压强和温度、质量流量及功率。设计约束包括结构强度、机械连接和气动性能等方面的考虑,如转子叶片拉伸应力、盘缘切线速度、叶片最大厚度和尾缘厚度、气流角及马赫数等。

对涡轮气动热力学原理的阐述涉及上述概念。首先给出涡轮级的中线分析方法和结果,包括轮缘功、反力度、气流角、负载系数、流量系数(轴向速度/切向速度)等参数与速度三角形之间关系的简明推导和说明。给出对结构的考虑,如叶片根部所承受的离心拉伸应力和离心负载作用于转子盘上的切应力。中线分析主要基于叶片展向中部的基元级流动速度三角形。这时的输入变量包括流道几何、叶片转速、级轮缘功和反力度。

其次介绍涡轮级损失模型,包括叶型、端壁与附加损失等。这里限于说明各类损失的机理,但不涉及损失的具体计算方法和关系式。这种说明需要借助中线分析中的速度三角形、边界层流动以及三维流动现象的定性描述的术语。

9.1 涡轮结构与燃气流动特征

在液体火箭发动机中,采用燃气涡轮驱动泵对液体推进剂增压。一般采用轴流式涡轮,缘于这样的特征:燃气质量迁移的主方向是顺着转轴方向的。图 9.1 为典型轴流式涡轮的结构与燃气通道几何示意图,静子叶片固连于机匣,转子叶片通过轮毂固连于转轴;燃气自左向右流过环形扩张通道。

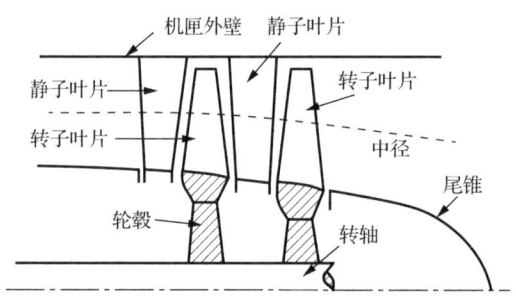

图 9.1 轴流式涡轮结构与燃气通道几何示意图

多个叶片有序排列形成的固定结构物称为叶栅。涡轮采用静叶栅之后排列动叶栅的组合结构。前后毗邻的一个静叶栅和一个动叶栅的组合结构称为一个涡轮级。在液体火箭发动机中,其涡轮的第一级的静叶栅通常是数簇喷管。在喷管中,燃气膨胀且流速增大,可达约700m/s;同时流动方向折转,具有了圆周切向速度分量和角动量(有漩流动),使燃气流相对于高速旋转的动叶栅的叶片具有合适的攻角。

燃气流过涡轮缘何产生扭转力矩呢? 图 9.2 给出了涡轮动叶栅中气流在叶片表面的压差形成切向推力的示意图,其中压力面(叶盆)一侧的符号"+"表示相对高压,吸力面(叶背)一侧的符号"-"表示相对低压。叶片两侧的压差形成推动力,其指向与叶轮旋转方向一致。因此,其原理与空气绕流机翼产生升力的原理是相同的。在动叶栅的流道中,燃气流动方向折回到更接近轴向,速度减小而静温不下降;或者进一步膨胀而致静温也降低。

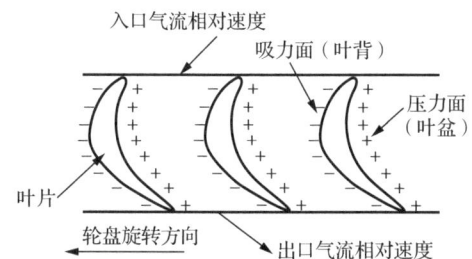

图 9.2　涡轮动叶栅中气流在叶片表面的压差形成切向推力示意图

从热力学方面(热-功转化效率和单位质量燃气做功能力)的需求出发,希望驱动涡轮的燃气温度高;但是出于简单性考虑,火箭发动机一般采用非冷却涡轮,故其燃气由推进剂贫氧或者富氧燃烧生成,温度仅为 900~950K。

9.2　涡轮基元级气动热力学

图 9.3 是一般情形的静叶栅与动叶栅组成的涡轮级中的一个基元级的气流速度三角形示意图。

基元级是涡轮级在两个与涡轮同轴的圆柱面之间的部分,其沿叶高(径向)的厚度很小。因此,一个涡轮级可看成由很多的基元级沿径向叠加而成,每个基元级的工作原理大体相同,其流动过程可作为整个涡轮级工作的缩影。

9.2.1　燃气输出比功方程

图 9.3 中,下标"1"标记静叶栅的入口处,下标"2"标记静叶栅的出口(也是动叶栅的入口)处,下标"3"标记动叶栅的出口处。C_1、C_2 分别表示静叶栅入口、静叶栅出口(也是动叶栅入口)处的气流相对于静叶栅的速度;α_1 表示 C_1 相对于轴线的偏转角;W_3 表示动叶栅出口处的气流相对于动叶栅的速度;β_2、β_3 分别表示气流速度 W_2、W_3 相对于轴线的偏转角;$U = r \times \omega$,是动叶片的线速度,r 是基元的半径,ω 是动叶栅旋转的角速度。其余符号含义可类推。

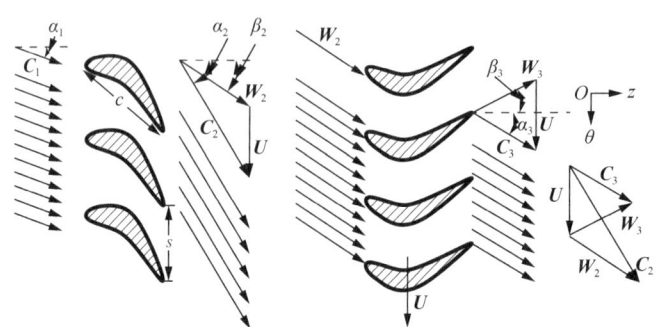

图9.3 涡轮基元级中的气流速度三角形示意图

依据欧拉涡轮方程,对于量热完全(成分不发生化学变化且内能仅是分子平动能与转动能之和,故比定压热容 c_p 是常量)的燃气流过涡轮动叶栅的一般情形,燃气比总焓变化量为

$$c_p(T_{t2} - T_{t3}) = \omega(r_2 v_2 - r_3 v_3) \tag{9-1}$$

式中,T_{t2} 为位置2处的燃气总温;v_2、v_3 分别是动叶栅入口和出口处的气流绝对速度(C_2、C_3)的圆周切向分量。若位置3是涡轮的最后一个动叶栅出口,则 $v_3 = 0$ 这种状态是所期望的,如此废气进入排气管时处于无漩状态。对于基元级流动,近似满足 $r_2 = r_3$,燃气流热力状态参数关联为

$$1 - \frac{T_{t3}}{T_{t2}} \equiv 1 - \tau_t = \frac{\omega r_2}{c_p T_{t2}} v_2 \tag{9-2}$$

式中,τ_t 为转子出口和入口的燃气总温比。式(9-2)表明,为使更大份额的燃气能转化为输出功,应该使动叶栅旋转线速度(又称旋转速度, ωr_2)和燃气流入动叶栅的圆周切向速度(又称周向速度, v_2)取得更大值。ωr_2 取最大值的限制因素主要是材料和结构的许用应力以及寿命。液体火箭发动机的涡轮一般不冷却,其叶片无内部冷却流道,前缘可较尖锐,允许动叶栅入口气流相对速度(W_2)达到超声速。

接下来以图9.3中标注的气流角以及马赫数改写式(9-2)。注意以下关系:

$$v_2 = C_2 \sin\alpha_2 = \sqrt{\gamma R T_2} Ma_2 \sin\alpha_2$$

$$\omega r_2 = \sqrt{\gamma R T_2} Ma_T$$

式中,Ma_2 为燃气流在位置2处的当地马赫数;Ma_T 为基元级(与转轴轴线的径向距离为 r_2)的动叶片上一点的线速度相对于当地燃气流的马赫数。故式(9-2)可改写为

$$1 - \tau_t = \frac{(\gamma-1)Ma_T Ma_2 \sin\alpha_2}{1 + \frac{\gamma-1}{2}Ma_2^2} \tag{9-3}$$

式(9-3)表明,动叶栅入口气流角(α_2)越大越好,但实际一般限定为$\alpha_{2-\max}=70°$,否则损失很大。

9.2.2 反力度与涡轮级燃气比功及效率关系

设计发动机时,燃气在涡轮级中的热力状态变化路径是可以选择的,其中一个关键量是喷管和动叶栅流道中的气流焓降的相对大小。用反力度(degree of reaction)表征上述量,定义为动叶栅中的静焓降与总的静焓降(从喷管入口到动叶栅出口,即涡轮级的静焓降)之比,表示为

$$°R = \frac{h_2 - h_3}{(h_2 - h_3) + (h_1 - h_2)} \tag{9-4}$$

下面用速度、气流角等量来表示静焓差,以建立燃气流过涡轮的比功与反力度之间的联系。

喷管(静叶栅)内绝热、无输出功的燃气流能量守恒方程为

$$h_1 + \frac{1}{2}C_1^2 = h_2 + \frac{1}{2}C_2^2 \tag{9-5}$$

而动叶栅内绝热、有轴功输出的燃气流能量守恒方程,即欧拉涡轮方程,可表示为

$$h_2 + \frac{1}{2}W_2^2 = h_3 + \frac{1}{2}W_3^2 \tag{9-6}$$

式(9-6)的正确性请读者试证明之。利用上述关系式,将反力度表示为

$$°R = \frac{W_3^2 - W_2^2}{(W_3^2 - W_2^2) + (C_2^2 - C_1^2)} \tag{9-7}$$

因此,对于轴向流动速度分量恒定的燃气流,满足如下关系:

$$C_1 \cos\alpha_1 = C_2 \cos\alpha_2 = W_2 \cos\beta_2 = W_3 \cos\beta_3$$

至此,可将反力度用气流角表示为

$$°R = \frac{\sec^2\beta_3 - \sec^2\beta_2}{(\sec^2\beta_3 - \sec^2\beta_2) + (\sec^2\alpha_2 - \sec^2\alpha_1)} \tag{9-8}$$

仍然关注涡轮级出口无漩的流动,即$v_3 = 0$,出口气流角满足如下约束:

$$v_3 = \omega r_3 - u\tan\beta_3 = 0, \quad \tan\beta_3 = \frac{\omega r_3}{u} = \frac{Ma_T}{Ma_2 \cos\alpha_2}$$

式中,u表示为常量的轴向流动速度。利用上述约束关系和三角函数恒等式$\sec^2 = 1 + \tan^2$,可以消除反力度表示式(9-8)中的动叶栅出口气流角(β_3)。类似地,对于动叶栅入口气流,轴向流动速度恒定的约束也给出如下方程式:

$$\tan\beta_2 = \tan\alpha_2 - \frac{\omega r_3}{u} = \tan\alpha_2 - \frac{Ma_\mathrm{T}}{Ma_2\cos\alpha_2}$$

上式用以消除式(9-8)中的动叶栅入口气流角(β_2)。当进一步约定$\alpha_1=0$时,可获得反力度的一个简洁表示式为

$$^\circ R = 1 - \frac{Ma_2\sin\alpha_2}{2Ma_\mathrm{T}} \tag{9-9}$$

$Ma_2\sin\alpha_2$ 表征燃气在动叶栅入口的周向速度大小,而 Ma_T 表征动叶栅旋转速度大小,则由式(9-9)知,燃气流在动叶栅入口的周向速度与动叶栅旋转速度相等时,反力度 $^\circ R=0.5$;燃气流在动叶栅入口的周向速度为动叶栅旋转速度的两倍时,反力度 $^\circ R=0$,此即冲击式涡轮。在一个反力式涡轮中,动叶栅中的气流静焓降与喷管中的相等,动叶栅入口和出口的速度三角形轴向对称。反之,在一个冲击式涡轮中,动叶栅中的气流无静焓降,即气流只在喷管中膨胀加速;在动叶栅内气流相对速度大小保持恒定,进口相对流动与出口相对流动呈镜像对称。图 9.4 是 $^\circ R=0.5$ 和 $^\circ R=0$ 的叶片型面及相应的动叶栅流道内气流速度三角形的示意图。

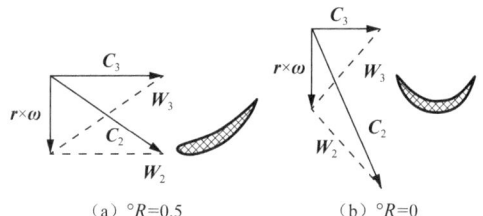

图 9.4 反力式和冲击式涡轮级中速度三角形的差别示意图

应用式(9-9)消除涡轮级燃气比功表示式(9-3)中的项 $Ma_2\sin\alpha_2$,得如下关联式:

$$1-\tau_\mathrm{t} = \frac{(\gamma-1)Ma_\mathrm{T}^2}{1+\frac{\gamma-1}{2}Ma_2^2}2(1-{}^\circ R) \quad (\text{出口无旋}) \tag{9-10}$$

式(9-10)表明,对于由涡轮动叶片的材料品质和燃气温度决定的许用应力限制的某个 Ma_T 以及给定的 Ma_2,涡轮级的总温降(也正比于单位质量燃气的释出能)是与反力度相关的,且反力度增大时单位质量燃气的释出能减少。

在设计涡轮时,动叶片的旋转线速度大小(由 Ma_T 表征)受到高温下材料强度的限制,因此直观看来选取稍小一些的反力度使燃气温度在静叶栅中降低的数值最大是有利的。但是,当反力度从 $^\circ R=0.5$ 减小至 $^\circ R=0$ 时,涡轮级效率是下降的。究其原因,在动叶栅流道中,$^\circ R=0$ 的气流偏转时几乎没有正向压强梯度,比 $^\circ R=0.5$ 的持续膨胀气流的边界层更易于发生分离,黏性损失更大。

9.2.3 涡轮基元级中燃气热力参数变化

图 9.5 示意反力式涡轮级中燃气的温度-比熵变化。

对于反力式涡轮级，燃气流过静叶栅和动叶栅时，静温都下降。在流过静叶栅时，尽管绝热且无输出功，但边界层的黏性损失和可能的激波损失引起气流的熵增（$\Delta s_n > 0$）及相应的总压损失（$p_{t1} - p_{t2} > 0$）；在流过动叶栅时，输出功等于气流的总温降（$(\Delta T_t)_r = (\Delta T_t)_{stage}$），也存在损失对应熵增（$\Delta s_r > 0$）。

对于冲击式涡轮级，动叶栅流道中的燃气流不膨胀，理想情况的静温变化为零。如前所述，综合而言，冲击式涡轮级的损失大于反力涡轮级。读者可仿照图 9.5，试自行绘制冲击式涡轮级中燃气的温度-比熵变化图。

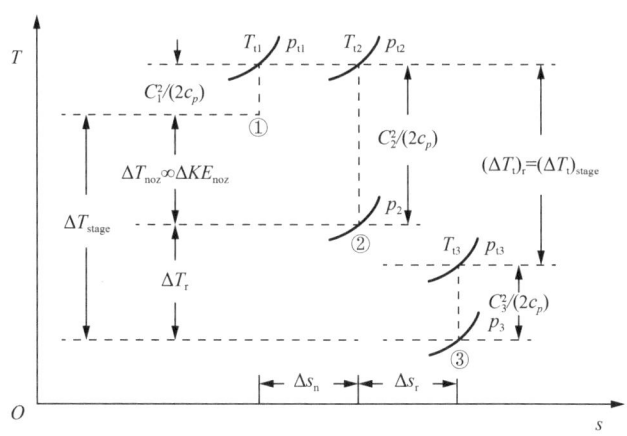

图 9.5 反力式涡轮级中燃气热力状态 T-s 图

9.2.4 燃气流量系数和功率系数

另外一套常用的术语是流量系数（ϕ）和功率系数（ψ），分别定义为

$$\phi = \frac{u}{\omega r} \tag{9-11}$$

$$\psi = \frac{\Delta h_t}{(\omega r)^2} = \frac{c_p(T_{t2} - T_{t3})}{(\omega r)^2} = \frac{\omega r(v_2 - v_3)}{(\omega r)^2} = \frac{v_2 - v_3}{\omega r} \tag{9-12}$$

应用于动叶栅出口处气流无漩的涡轮级，$v_3 = 0$，得到

$$\psi = \frac{v_2}{\omega r} = \frac{Ma_2 \sin \alpha_2}{Ma_T}$$

依此建立反力度与功率系数之间的联系为

$$^\circ R = 1 - \frac{\psi}{2} \quad \text{或} \quad \psi = 2(1 - {^\circ R}) \tag{9-13}$$

式(9-13)非常直接地表示出涡轮级从单位质量燃气中提取的功随反力度的增大而减小的关系。反力度与静叶栅出口气流角(α_2)以及流量系数(ϕ)的关联式为

$$\phi = \frac{u}{\omega r} = \frac{Ma_2 \cos\alpha_2}{Ma_\mathrm{T}} = 2(1 - {}^\circ R)\frac{\cos\alpha_2}{\sin\alpha_2}$$

即
$${}^\circ R = 1 - \frac{\phi}{2}\tan\alpha_2 \tag{9-14}$$

上述系数能以可直观比较大小的形式在速度三角形中表现出来,如图 9.6 所示,其中叶片速度(ωr)作为一个单位的量。

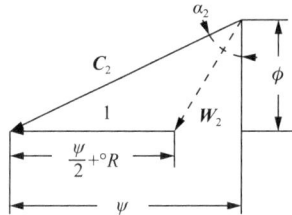

图 9.6 流量系数和功率系数及反力度在速度三角形中的关系示意图

9.2.5 反力度的径向分布

希望在涡轮动叶栅流道沿轴向路径的每个截面上,从轮毂表面到叶片尖端的燃气温度都相同。在上述前提下,Ma_T 与径向距离成正比,其在叶片尖端的数值大于在轮毂表面的数值。故若 Ma_2 大致保持为常数,则反力度将从叶片尖端到轮毂表面逐渐减小,见式(9-9)。典型的情况是,若在叶片尖端处 ${}^\circ R = 0.5$,则轮毂表面处 ${}^\circ R \ll 0.5$。

9.2.6 最佳喷管出口气流切向马赫数

针对单位面积上燃气质量流量的问题,比较喷管(静叶栅)入口与其出口处的参数联系。燃气流量连续方程为

$$\rho_1 C_1 A_1 = \rho_2 C_2 A_2 \cos\alpha_2$$

式中,A_1、A_2 分别为静叶栅流道入口和出口处的环截面面积。按照等熵流动假设,两个位置处的燃气(静)温度和(静)密度关联式为

$$\frac{T_2}{T_1} = \frac{1 + \frac{\gamma-1}{2}Ma_1^2}{1 + \frac{\gamma-1}{2}Ma_2^2}, \quad \frac{\rho_2}{\rho_1} = \left(\frac{T_2}{T_1}\right)^{\frac{1}{\gamma-1}} \tag{9-15}$$

将式(9-15)代入燃气流量守恒式得

$$\frac{Ma_2}{Ma_1}\left(\frac{1 + \frac{\gamma-1}{2}Ma_1^2}{1 + \frac{\gamma-1}{2}Ma_2^2}\right)^{\frac{\gamma+1}{2(\gamma-1)}} = \frac{A_1}{A_2}\frac{1}{\cos\alpha_2} \tag{9-16}$$

可见，对于给定的入口马赫数 Ma_1，喷管出口的马赫数 Ma_2 与气流角 α_2 存在相互制约关系。根据式(9-3)，为了使涡轮从单位质量燃气中提取更大的功，期望大的周向速度 $C_2 \sin \alpha_2$（在动叶栅旋转速度 ωr_2 固定的前提下）。故知存在较佳的气流角 α_2，使涡轮提取的单位质量燃气功最大；而这个气流角决定的燃气质量流量又须与叶片根部应力限制相权衡。例如，使如下的量最大化：

$$\left(\frac{C_2 \sin \alpha_2}{\sqrt{\gamma R T_1}}\right)^2$$

将式(9-16)代入上式，整理得

$$\left(\frac{C_2 \sin \alpha_2}{\sqrt{\gamma R T_1}}\right)^2 = \frac{1+\frac{\gamma-1}{2}Ma_1^2}{1+\frac{\gamma-1}{2}Ma_2^2} Ma_2^2 - \left(\frac{1+\frac{\gamma-1}{2}Ma_2^2}{1+\frac{\gamma-1}{2}Ma_1^2}\right)^{\frac{2}{\gamma-1}} Ma_1^2 \left(\frac{A_1}{A_2}\right)^2 \quad (9\text{-}17)$$

对式(9-17)等号右手侧的表达式以 Ma_2^2 为变量求导数并令导数为零，可得

$$\left(\frac{1+\frac{\gamma-1}{2}Ma_2^2}{1+\frac{\gamma-1}{2}Ma_1^2}\right)^{\frac{\gamma+1}{\gamma-1}} Ma_1^2 \left(\frac{A_1}{A_2}\right)^2 = 1 \quad (9\text{-}18)$$

组合式(9-18)与式(9-16)知，喷管出口气流的周向速度与喷管入口声速的比值最大时，出口气流的轴向马赫数等于1，达到壅塞状态：

$$Ma_2 \cos \alpha_2 = 1 \quad (9\text{-}19)$$

再由式(9-17)可得

$$\left(\frac{C_2 \sin \alpha_2}{\sqrt{\gamma R T_1}}\right)_{\max}^2 = \frac{2}{\gamma-1}\left[\left(1+\frac{\gamma-1}{2}Ma_1^2\right) - \frac{\gamma+1}{2}(Ma_1 A_1/A_2)^{\frac{2(\gamma-1)}{\gamma+1}}\right] \quad (9\text{-}20)$$

给定喷管入口马赫数，可依式(9-18)计算出口马赫数（Ma_2），再依式(9-19)计算最佳出口气流角（α_2）。

对于 $\gamma = 1.33$ 和 $A_1 = A_2$ 的 $Ma_2, (Ma_2 \sin \alpha_2)_{\max} - Ma_1$ 关系如图9.7所示，当喷管出口气流的旋转角度最佳并且转子旋转的 $Ma_T = 0.5$ 时，对应的反力度也画在图9.7中。对照图9.7，在最佳条件下，反力度与喷管入口马赫数对应。对于冲击式涡轮级（$°R = 0$），入口马赫数约为0.4；而对于反力式涡轮级，入口马赫数约为0.65。反力度为0~0.5，对应的最佳喷管出口马赫数是1.2~1.5。这时，对于 $\gamma = 1.33$，理想等熵膨胀的面积比（A_e/A_{th}）是 1.03~1.08。因此，喉道可位于喷管出口平面，喉道下游的吸力面充当超声速膨胀段的斜切口，如同在塞式气动喷管中那样。为消除从叶片尾缘发射的膨胀波，喉道下游的吸力面需要做成下凹的形状，否则会形成斜激波。气流形态如图9.8所示。

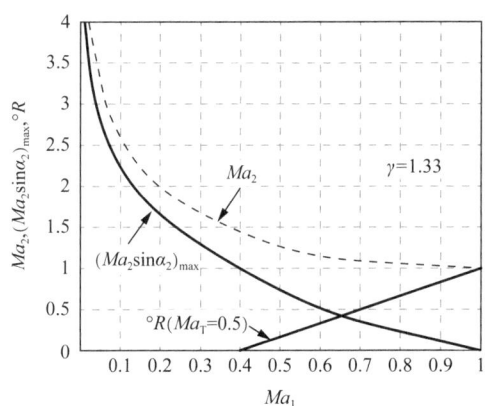

图 9.7 给定喷管入口马赫数的最佳出口气流周向马赫数及反力度

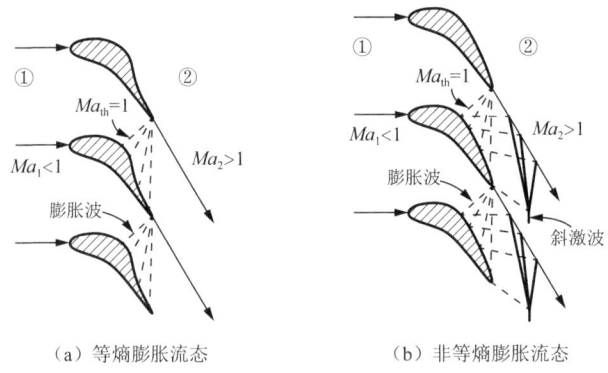

(a) 等熵膨胀流态　　　　(b) 非等熵膨胀流态

图 9.8 超声速气流在喷管出口的流动形态示意图

9.3 叶片结构强度导论

9.3.1 叶片厚度与气动载荷

涡轮动叶栅的叶片的型线(特别是叶片前缘的进口角和尾缘的出口角)应该保证气流在静叶栅(喷管)和动叶栅出口的方向达到预期的角度,但是型线也受到叶片能够承受的气动载荷的约束。

定义衡量涡轮动叶片负荷状况的兹韦费尔(Zweifel)系数如下:

$$\psi_z \equiv \frac{\int_{z_2}^{z_3}(p_p - p_s)\mathrm{d}z}{c_z(p'_{t2} - p_3)} \tag{9-21}$$

式中,z 为轴向坐标;p_p 为动叶片迎风面(朝向燃气来流的一侧,即叶盆侧,压强高)的压强;p_s 为动叶片背风面(即叶背侧,压强低,因燃气喷流的引射作用所致)的压强;c_z

为叶片的轴向展宽；p'_{t2} 为动叶栅通道入口处燃气的总压(相对流动参数)；p_3 为出口处燃气的静压。式(9-21)表明 ψ_z 是用动叶片两侧压差与出口处燃气动压的比值来度量气动负荷的。

在接下来的讨论中，将建立 Zweifel 系数与速度三角形中的量的关联式。考虑燃气在流道中的周向动量变化，依据动量定理得

$$\rho_2 u_2 s |v'_2 - v'_3| \equiv \int_{z_2}^{z_3} (p_p - p_s) \mathrm{d}z$$

式中，u_2 为动叶栅入口处的气流轴向速度；v'_2 与 v'_3 分别为入口和出口处的相对周向速度；s 为动叶栅中相邻叶片形成的气流通道的宽度。入口和出口处的气流总压(相对参数)相等，即 $p'_{t2} = p'_{t3}$；流动马赫数 $Ma_3 \ll 1$。可将 Zweifel 系数表示为

$$\psi_z = \frac{\rho_3 u_3 s v'_3 \left|1 - \dfrac{v'_2}{v'_3}\right|}{c_z \dfrac{1}{2} \rho_3 W_3^2} = \frac{u_3 s v'_3 \left|1 - \dfrac{v'_2}{v'_3}\right|}{\dfrac{1}{2} c_z W_3^2} \tag{9-22}$$

$$u_3 = W_3 \cos\beta_3, \quad v'_3 = W_3 \sin\beta_3$$

$$\psi_z \frac{c_z}{s} = 2\sin\beta_3 \cos\beta_3 \left|1 - \frac{v'_2}{v'_3}\right| = \sin(2\beta_3) \left|1 - \frac{v'_2}{v'_3}\right| \tag{9-23}$$

当 $v'_2 = 0$ 时(对照图 9.4(a)，动叶栅出口燃气无漩且 $°R = 0.5$)，$\psi_z \cdot c_z / s = \sin(2\beta_3)$。Zweifel 的设计准则是当 $0.8 < \psi_z < 1.0$ 时损失达到最小状态。

9.3.2 环截面单位面积的燃气质量流量与叶片应力

对于给定的转速，涡轮动叶栅叶片根部的应力随着叶片高度的增大而增大，即随着包络叶片的圆环形截面面积的增大而增大。此影响关系可由叶片根部截面的力平衡条件给出。

考虑如图 9.9 所示旋转的叶片，叶片根部环截面上的应力表示为

$$\sigma(r_H) = \int_{r_H}^{r_T} \rho \omega^2 r \mathrm{d}r = \rho \omega^2 \frac{(r_T^2 - r_H^2)}{2} = \rho \frac{\omega^2}{2\pi} A_{\text{flow}} \tag{9-24}$$

式中，r_H 为涡轮轮毂表面(动叶片根部)相对于转轴轴线的距离；r_T 为动叶片尖端所处的半径；A_{flow} 为气流的流通截面面积。此即常被援引的"AN^2 平方限制"，其中，A 是包络动叶片的圆环形截面面积，N 是涡轮轴旋转角速度。式(9-24)显示，对于给定的叶片尖端速度(ωr_T)，根部应力随根部半径减小而增大；而减小根部半径是增大燃气质量流量之所需。

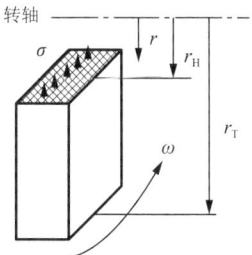

图 9.9 叶片应力计算的示意图

9.3.3 旋转叶片的容许温度限制

另一个关注的问题是旋转叶片的温度，这是因为温度越高则许用应力越小。后文分析将表明，气流相对于动叶片的滞止温度并不等于其进入喷管时的滞止温度。

以 T'_{t2} 标识相对于旋转叶片的气流总温，得到

$$T'_{t2} = T_2 + \frac{W_2^2}{2c_p} = T_{t2} + \frac{W_2^2 - C_2^2}{2c_p} \tag{9-25}$$

由此整理得

$$\frac{T'_{t2}}{T_{t2}} = 1 + \frac{W_2^2 - C_2^2}{2c_p T_2 \left(1 + \frac{\gamma-1}{2} Ma_2^2\right)}$$

由速度三角形得

$$C_2^2 = u^2(1 + \tan^2 \alpha_2), \quad W_2^2 = u^2 + (u \tan \alpha_2 - \omega r)^2$$

整理简化得

$$W_2^2 - C_2^2 = \omega r (\omega r - 2u \tan \alpha_2)$$

反力度可表示为

$$°R = 1 - \frac{u \tan \alpha_2}{2\omega r} \tag{9-26}$$

故可将总温比用反力度表示为

$$\frac{T'_{t2}}{T_{t2}} = 1 - (3 - 4°R) \frac{\frac{\gamma-1}{2} Ma_T^2}{1 + \frac{\gamma-1}{2} Ma_2^2} \tag{9-27}$$

对于反力式（$°R < 0.75$）涡轮，其动叶片中的气流总温 T'_{t2} 低于喷管出口气流总温 T_{t2}，反映这样一个物理事实：动叶片正逃离喷管出口气流而远去。但反力度增大时，动叶片中的气流总温 T'_{t2} 逐渐增大而接近喷管出口气流总温 T_{t2}；相反，冲击式（$°R = 0$）涡轮动叶片中的气流总温比反力式涡轮低得多。

9.4 涡轮级气动热力学

影响涡轮动叶栅气动特性的参数和现象主要有马赫数、雷诺数、端壁流动与泄漏流动等。

(1) 马赫数。当叶片较厚和/或者折转角较大时，若燃气出流马赫数为高亚声速或低超声速，叶片吸力面(凸表面，叶背)通常会产生局部超声速流动。

(2) 雷诺数。涡轮叶片表面边界层的进气雷诺数在 10^6 附近，进气湍流度一般为 3%～20%，而叶片表面很长区域内的实际流动既非纯层流亦非充分发展的湍流，最好将其理解为扩展的转捩流。产生湍流的扰动最初生成于燃烧过程，后继叶栅（喷管）的边界层和尾迹阻止了扰动的衰减。大的压强梯度，特别是吸力面尾缘附近的逆压梯度，也对湍流起到促进作用。进气雷诺数、湍流度和边界层压强梯度共同作用于叶片吸力面的边界层流动，对涡轮动叶栅的气动和热力性能影响甚大。

(3) 端壁流动指发生在涡轮动叶栅燃气流道的叶片根部和叶尖附近的三维复杂流动现象，由流道中的主流压差施加到端壁边界层上，导致叶栅出口平面速度场扭曲而形成。随着叶片展弦比减小，端壁流动效应在展向所占据的比例增大，使三维效应更显著。

(4) 泄漏流动指不通过叶栅通道，而经过叶栅与机匣之间的径向间隙从高压侧向低压侧的气体流动。

9.4.1 动叶栅中的损失

应用热力学第一定律和第二定律，可将非冷却涡轮的效率表示为

$$\eta = \frac{1 - (p_{t3}/p_{t1})^{(\gamma-1)/\gamma} \exp\left(\dfrac{s_3 - s_1}{c_p}\right)}{1 - (p_{t3}/p_{t1})^{(\gamma-1)/\gamma}} \tag{9-28}$$

式中，p_{t1} 与 p_{t3} 分别为涡轮入口和出口的燃气总压；分母项是用总压比表示的等熵膨胀功。实际过程的非等熵损失使出口的总温较理想过程的更高。选择适当的参照系，由燃气微团贯穿涡轮所形成的流路可视为由一系列定常流动组成。由于熵是一个状态量，与参照系无关，所观测到的每一个基本过程熵增量的总和即任一流体微团总的熵增。对于每个基本过程，相对参照系的总温不变，其熵增与相对参照系的总压损失是同步变化的，表示为

$$\frac{\Delta s}{c_p} = -\left(\frac{\gamma-1}{\gamma}\right)\ln\left(1 + \frac{\Delta p_t}{p_{t1}}\right) \tag{9-29}$$

式中，每个基本过程的总压都有损失，故 $\Delta p_t = p_{t3} - p_{t1} < 0$。

总压损失的来源包括表面摩擦阻力、压阻或型阻、激波损失、泄漏等，习惯上将上述损失分为叶型损失、端壁损失、附加损失三类。其中，叶型损失约占 60%，端壁与附加损失总共约占 40%。上述各类损失之间不是相互独立的，大部分情况下是相互关联的。

9.4.2 叶型损失

图 9.10 中纵坐标为翼型损失系数，横坐标为叶栅的栅距与叶片弦长之比 s/c。此图表明：反力式涡轮动叶栅的翼型损失系数 $\eta_d = 0.01 \sim 0.07$。给定出口气流角 (β_3) 时，动叶栅有一个最佳稠度（栅距与叶片弦长之比的倒数）。叶片扭转角度越大（如 $\beta_3 = -70°$，

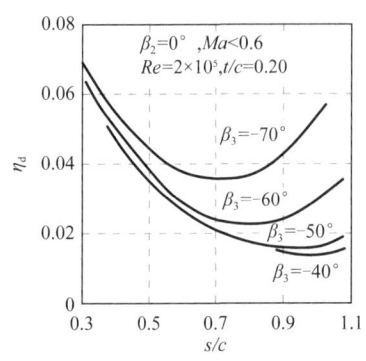

图 9.10 气流零入射角时反力式涡轮级动叶栅中的叶型损失

负角度表示逆时针转向偏离水平线),叶栅的最佳稠度也越大。叶片相对厚度较大($t/c = 0.20$)是大转矩导致高应力所要求的(对于冷却叶片,也是其内部冷却通道所要求的)。应注意:基于叶片弦长的流动雷诺数 $Re = 2 \times 10^5$,对于平板表面的流动是转捩值,但对于高度弯曲的动叶栅通道不适用。

在相同流动条件下,冲击式涡轮动叶栅中的翼型损失系数要大得多,$\eta_d = 0.06 \sim 0.24$,最佳稠度也与出口气流角相关。

静叶栅(喷管)的翼型损失系数的数值、与叶栅稠度的关系,都与反力式涡轮动叶栅的类似(因为气流都是正压强梯度流动)。$\alpha_2 = 70°$ 是可接受的损失的静叶栅出口气流角的上限。

9.4.3 叶片表面边界层流动

图 9.11 为模型预测的转子叶片表面压强的典型分布示意图。

对照图 9.11 阐述转子叶片表面压强分布特征,首先考虑吸力面边界层。边界层流动起始于滞止点⓪,属层流,沿前缘小圆急剧加速。由于前缘过度加速,离开前缘小圆后流动产生一个强烈的再压缩。这个再压缩可能导致边界层在点①处发生分离,形成分离泡转捩,并再附为充分湍流。当攻角增大到一定程度时,前缘加速过强以至于分离泡无法再附。若分离泡再附为充分湍流,边界层将在点②处再次急剧加速,并可能在点③处经历再层流化,或产生逆转捩。边界层继续加速直到最小压强点④,然后开始最后一个再压缩过程。这时,有可能产生分离泡,再附形成充分湍流,或者完全不再附。若边界层再附,它将以多种方式到达尾缘点⑥;或者在到达尾缘点之前(如在点⑤)发生湍流分离而无法再附。

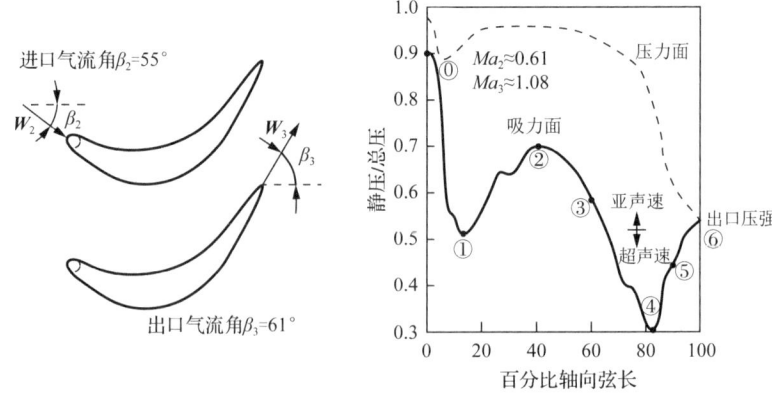

图 9.11 转子叶片表面压强典型分布示意图

9.4.4 端壁气体动力学

如前所述,端壁流动具有显著的三维特征,既是黏性流(边界层)与无黏流(主流)相互作用的结果,也是动叶栅进口上游端壁流场影响的结果,因此每个叶栅的端壁损失不能仅由该叶栅的几何唯一确定,而必须同时考虑叶栅内部的损失和在出口截面的总损失。

喷管(静叶栅)的出口气流具有很强的漩流特征。对于无叶冠的涡轮转子,这种漩流使动叶栅的进气边界层流向吸力面。端壁效应之一是导致展向(与叶片通道中的主流方向垂直)掺混,它是流向涡(streamwise vortex,涡的方向与主流平行)的作用效果,影响进气总压和总温的径向分布。图 9.12 为动叶栅弯曲通道内流向涡的形成及二次流。流场中有涡漩处,与涡量垂直的有限面积上的涡通量不为零。

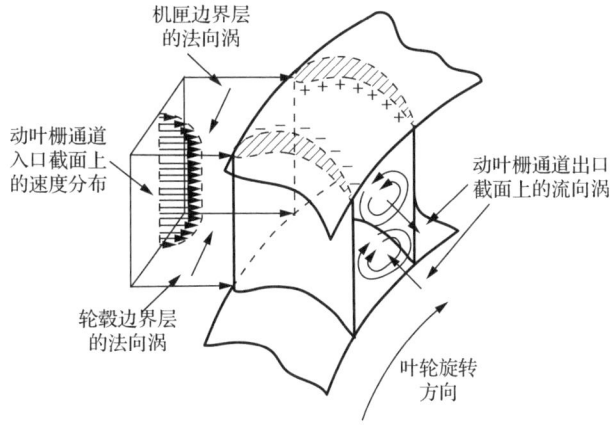

图 9.12 转子叶栅通道内的流向涡和二次流示意图

涡量和涡通量都不能直接测量,而速度可以直接测量,速度环量容易计算。斯托克斯定理建立了涡通量与速度环量之间的联系,可根据速度环量不为零来断定对应曲面上涡漩的存在。

$$\Gamma_C = \oint_C \boldsymbol{V} \cdot \mathrm{d}\boldsymbol{l} = \iint_S (\nabla \times \boldsymbol{V}) \cdot \boldsymbol{n} \mathrm{d}S = \iint_S \boldsymbol{\Omega} \cdot \boldsymbol{n} \mathrm{d}S = I_S \tag{9-30}$$

式中,Γ_C 为沿封闭空间曲线 C 的速度环量;$\boldsymbol{\Omega}$ 为速度场的涡量;I_S 为张在 C 上的单连通域开口曲面 S 上的涡通量。根据对速度环量的粗略估计,可以定性地说明涡轮叶栅流道中的二次流形成机理与特征。

9.5 涡轮性能参数计算

1. 叶栅出口流动参数

遵循图 9.3 的气流位置编号约定,给定静叶栅进口总压(p_{t1})、总温(T_{t1})并设比热比

(γ) 为常数，首先按照等熵流动计算静叶栅（喷管）出口的理想速度（记为 $C_{2\text{ad}}$），再以经验性的速度损失系数（记为 $\varphi_{1-2}=C_2/C_{2\text{ad}}$）作为折扣率计算出口实际速度（记为 C_2）。用易于测量的总压恢复系数（记为 σ_S）关联为

$$\sigma_S = \frac{p_{t2}}{p_{t1}} = \frac{p_2/\pi(\lambda_2)}{p_2/\pi(\lambda_{2\text{ad}})} = \frac{\pi(\lambda_{2\text{ad}})}{\pi(\lambda_2)} \tag{9-31}$$

式中，$\lambda_{2\text{ad}}$ 和 λ_2 分别为位置 2 处与理想速度、实际速度对应的速度系数。类似地，对动叶栅来说也有相应的关联式。若站在旋转的动叶栅上观察气流，则气体在动叶栅通道中的流动相对速度和相对总温的关系就如同静叶栅中的气流一样，可表示为

$$W_3 = \varphi_{2-3}\sqrt{2c_p T'_{t2}\left[1-\left(\frac{p_3}{p'_{t2}}\right)^{\frac{\gamma-1}{\gamma}}\right]} \tag{9-32}$$

式中，$\varphi_{2-3}=0.95\sim0.97$ 为动叶栅中的气流相对速度损失系数。

2. 涡轮效率

除前文介绍的耗散外，气流对结构传热（与材料耐受温度有关）以及燃气泄漏（与叶冠和机匣的间隙以及密封有关）也造成实际获得的涡轮功减少。将涡轮效率定义为实际得到的涡轮功与燃气等熵条件下的膨胀功的比值。根据目前的技术和工艺水平，火箭发动机中涡轮效率一般为 $\eta=0.4\sim0.8$。

思考与练习题

9-1 描述涡轮基元级和涡轮级气体流动模型的要素与主要特征。

9-2 如何区分反力式涡轮和冲击式涡轮？

9-3 一种涡轮的驱动燃气是 H_2O 与 H_2 的混合气，其中 H_2O 的质量分数为 65%。设燃气的质量流率为 1.25kg/s，燃气在涡轮入口的压强和温度分别为 30atm 和 765K，涡轮出口的燃气压强为 1.5atm；涡轮效率为 58%。计算涡轮的输出功率。

第10章 液体喷雾燃烧学

作为认识喷雾燃烧的基础，本章将限于讨论建立和分析简化的模型，包括液滴汽化，气相场中流动、传热、传质以及燃烧等。

10.1 概 述

液体火箭发动机中的燃烧是燃料和氧化剂之间发生放热的快速氧化反应。由于燃烧的温度在2000℃以上，肉眼可见燃烧区呈红、白或蓝色。

喷雾是实现推进剂快速燃烧的要求。喷雾是液体由连续流分散成若干直径很小的液滴。在大部分发动机中，氧化剂以液体状态进入喷注器，例如，液氧一直是广泛使用的氧化剂。在刚进入燃气发生器或者预燃室时，很多燃料（如煤油、甲烷）也是液体。

以液体状态进入喷注器的推进剂燃烧过程是非常复杂的。以非可自燃的液氧/煤油推进剂液体火箭发动机为例，燃烧室中直接毗邻喷注（injection）面板的区域内，从数量不等（可以是多种类型）的喷注单元孔中发出液体射流，这些射流自行破碎成液滴群；有些设计中是使射流之间互相撞击。两种成分（氧化剂和燃料）的液滴彼此弥散，液滴蒸发产生的蒸气也彼此扩散，最初依靠点火源的火炬引燃混合气形成初始火焰，再发生动力学上受控的燃烧（而不是爆炸）。

液体火箭发动机喷雾燃烧过程中存在一些对整个过程的速率起到控制作用的关键环节。例如，对于非可自燃的液氧/煤油推进剂，由于真实的燃烧在氧化剂和燃料都汽化之后的气体氛围中发生，汽化通常是推进剂向产物转化的整个过程的速率控制步骤，尽管液滴的汽化速率本身也受到毗邻的其他液滴正在发生的化学反应的影响。而在其他类型的发动机中，进入燃烧室的一种流体组元已经是气体，这种情况下气相的混合就成为推进剂转化速率的限制性步骤。例如，液氧/液氢火箭发动机，通常氢作为冷却剂在推力室的冷却通道中即已全部汽化；或者在氢全流量补燃循环工作模式下，从预燃室流进燃烧室喷注单元的都是气体；而氧在喷注单元中与氢或者预燃室气体同轴流动，这种换热器构型使氧在到达燃烧区之前可能部分汽化，剩余液体则在流出喷注单元之后雾化和汽化。

绝大部分液体火箭发动机（不论预燃室还是主燃烧室）都设置为燃料有富余（富燃）的工况。其中，燃料液滴表面汽化产生的气体不发生化学反应而向周围气体中扩散，同时热量朝向液滴表面传递以维持汽化的进行。同样是在这种富燃环境中，氧化剂液滴汽化产生的气体也向其周围扩散，并在与液滴表面有一定距离的位置处接触燃料蒸气而发生反应，形成球面火焰。热量从燃烧的球面向外、向内都有传递现象，而燃烧产物只是向外(相对于火焰面内部的氧化剂液滴)扩散或者停滞为环绕氧化剂液滴的气层。

相似的描述适用于局部氧化剂有富余(富氧)的工况，即氧化剂液滴和燃料液滴在富氧氛中发生的现象。

显然，对于以上描述涉及的过程，要获得满足第一性原理的可用于设计的综合分析，必须采用大规模计算。事实上，绝大部分现有的液体火箭发动机燃烧室的成形时间都可追溯到1980年之前。例如，苏联的液氧/煤油火箭发动机 RD-170、美国的液氧/液氢火箭发动机 RS-24(或者称为航天飞机主发动机)等主要是通过经验的方法设计的，辅以数量庞大的试验。改进的模拟和计算能力在近期提供了一种更高级的途径，使得研制过程中硬件的更改、迭代环节减少。但是该领域的理论远未达到充分发展的程度，当前还只是扮演保证趋势正确和证实机理的角色。

10.2 简化的单个液滴汽化和燃烧模型

10.2.1 氧化剂液滴在富燃气氛中汽化和燃烧的解析模型

考虑一个球形的氧化剂液滴，半径和密度分别记为 R 与 ρ_{ox}。其汽化速率表示为

$$\Gamma = -\rho_{ox} 4\pi R^2 \frac{dR}{dt} \tag{10-1}$$

本分析的主要目的是由给定的液滴半径和气体物性计算汽化速率。以 $Y_{ox}(r)$ 和 $Y_{pr}(r)$ 分别表示到液滴球心的距离为 r 处的氧化剂质量分数与燃烧产物质量分数，以 r_F 表示包围氧化剂液滴的火焰球面半径。将燃烧产物看作单一组分，则在氧化剂液滴表面与球面火焰之间的区域内没有燃料组分的约束条件表示为

$$Y_{ox}(r) + Y_{pr}(r) = 1 \quad (R < r < r_F) \tag{10-2}$$

当在固定的瞬间观察区域 $R < r < r_F$ 中各组分分布时，因为燃烧产物不能够穿透液滴表面而溶入其中，所以可认为在该区域内，任一瞬间在任一半径 r 处的燃烧产物的净质量流率都为零，而只存在径向外流的氧化剂组分的净质量流率。氧化剂组分和燃烧产物组分都通过平均的向外流动导致的对流和浓度梯度导致的扩散这两种机制来发生质量迁移——斯蒂芬流，因此任一半径 r 处的氧化剂组分净质量流率方程为

$$\Gamma Y_{ox} - 4\pi r^2 \rho D_{ox} \frac{\partial Y_{ox}}{\partial r} = \Gamma \tag{10-3}$$

式中，ρ 为混合气的密度；D_{ox} 为氧化剂组分在混合气中的扩散率。在任一瞬间，乘积 ρD_{ox} 在区域 $R < r < r_F$ 上是常量，同时 Γ 也是常量，引入常量 λ_{ox} 的表示式为

$$\lambda_{ox} = \frac{\Gamma}{4\pi \rho D_{ox}} \tag{10-4}$$

式(10-3)重新整理为

$$\frac{\partial(Y_{ox}-1)}{\partial(1/r)}+\lambda_{ox}(Y_{ox}-1)=0$$

再使用在火焰面上氧化剂组分为零($Y_{ox}(r_F)=0$)的条件，积分得

$$Y_{ox}(r)=1-\exp\left[\lambda_{ox}\left(\frac{1}{r}-\frac{1}{r_F}\right)\right] \quad (R<r<r_F) \tag{10-5}$$

式(10-5)给出氧化剂液滴周围混合气组分的质量分数分布，通过类似的质量平衡分析可得到燃烧火焰面之外区域($r>r_F$)内混合气组分的质量分数分布。

参照图10.1，其中ϕ表示完全燃烧时氧化剂与燃料的质量化学当量比。对于氧化剂液滴外围的气相场，由于液滴汽化产生向外迁移的净质量流为Γ，这个量是固定的；但是，气相场混合气的成分在空间上却是连续变化的，在火焰面上Y_{ox}和Y_f都为零，在火焰面外围也满足$Y_{ox}=0$。燃烧火焰面外围气体分布为

$$\begin{cases} Y_{ox}=0 \\ \rho D_{ox}=\rho D_f \end{cases} \quad (r=r_F) \tag{10-6}$$

$$\begin{cases} Y_f+Y_{pr}=1 \\ \rho D_f=\text{const} \end{cases} \quad (r>r_F) \tag{10-7}$$

式中，D_f为火焰面外围的燃料气体在混合气中的扩散率。

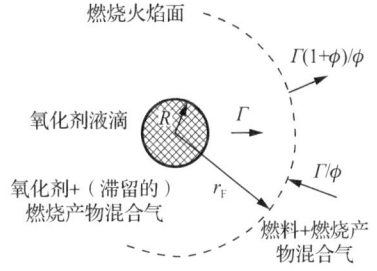

图10.1 氧化剂液滴在富燃气体中汽化燃烧示意图

任一半径r处的燃料组分净质量流率方程为

$$\Gamma Y_f - 4\pi r^2 \rho D_f \frac{\partial Y_f}{\partial r} = -\Gamma/\phi \tag{10-8}$$

引入如下记号：

$$\lambda=\frac{\Gamma}{4\pi\rho D_f}, \quad Y_{f,\infty}=Y_f(+\infty)$$

同理可得方程(10-8)的解为

$$Y_f+1/\phi=(Y_{f,\infty}+1/\phi)\exp\left(-\frac{\lambda}{r}\right) \tag{10-9}$$

再利用火焰面上 $Y_f(r_F)=0$，可得

$$\frac{\lambda}{r_F} = \ln(1+\phi Y_{f,\infty}) \tag{10-10}$$

式(10-10)表明，燃烧火焰面的半径与氧化剂液滴汽化的质量流量($\varGamma$)成正比，是一种吹气效应；这个比例与外围燃料气体的扩散率、质量分数等有关。

氧化剂液滴周围气相场中的质量迁移率和组分质量分数分布如图10.2所示。

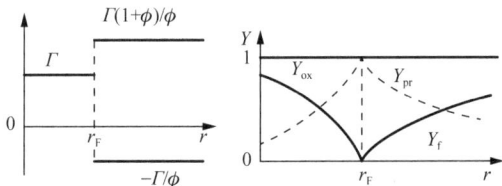

图10.2 氧化剂液滴周围气相场中的质量迁移率和组分质量分数分布示意图

现在考察氧化剂液滴周围气相场中的热流分布。为使分析简化，作如下假设：

$$c_{p,f} = c_{p,\text{ox}} = c_{p,\text{pr}} = c_p, \quad k^- = k^+ = k$$

式中，k^- 和 k^+ 分别为火焰面内、外侧的混合气热导率；c_p 和 k 分别为混合气的比定压热容和热导率。

在火焰面包围的气相区域($R<r<r_F$)中，火焰面向氧化剂液滴表面传递热量以维持汽化的进行。热量传递机制包括对流和传导，其中对流是质量净迁移导致的，传导是温度梯度驱动的。热量平衡方程为

$$\varGamma c_p (T-T_v) - 4\pi r^2 k \frac{\partial T}{\partial r} = -\varGamma h_v \tag{10-11}$$

式中，T_v 为氧化剂液滴表面的汽化温度，这里作为计算的零点焓温度；h_v 为氧化剂液滴的单位质量汽化热。

引入如下记号：

$$\lambda_h = \frac{\varGamma}{4\pi k / c_p}$$

同理可得方程(10-11)的解为

$$T - T_v = \frac{h_v}{c_p}\left\{\exp\left[\lambda_h\left(\frac{1}{R}-\frac{1}{r}\right)\right]-1\right\} \tag{10-12}$$

获得上述解析式时使用了氧化剂液滴表面的温度条件 $T(R)=T_v$。特别地，由式(10-12)预示的火焰面温度为

$$T_F - T_v = \frac{h_v}{c_p}\left\{\exp\left[\lambda_h\left(\frac{1}{R}-\frac{1}{r_F}\right)\right]-1\right\} \tag{10-13}$$

式(10-13)将火焰面温度、火焰面半径以及氧化剂汽化质量速率关联起来。

在火焰面外围的气相区域（$r > r_F$）中，火焰面上燃烧释放的热量，除了向氧化剂液滴表面传递的部分以外，都向外围传递，传递机制也包括对流和传导。式(10-11)中已经选择液滴汽化温度（T_v）作为计算的零点焓温度，若以 h_c 表示单位质量的燃料在上述零点焓温度下的燃烧热，则火焰面外围气相区域中的热量平衡方程为

$$\Gamma c_p(T - T_v) - 4\pi r^2 k \frac{\partial T}{\partial r} = \Gamma(h_c/\phi - h_v) \tag{10-14}$$

利用边界条件 $T(\infty) = T_\infty$，对方程(10-14)积分得

$$T - T_v - \frac{h_c/\phi - h_v}{c_p} = \left(T_\infty - T_v - \frac{h_c/\phi - h_v}{c_p}\right)\exp\left(-\frac{\lambda_h}{r}\right) \tag{10-15}$$

特别地，火焰面上的温度满足：

$$T_F - T_\infty = \left(T_\infty - T_v - \frac{h_c/\phi - h_v}{c_p}\right)[\exp(-\lambda_h/r_F) - 1] \tag{10-16}$$

至此，可由式(10-13)和式(10-16)相减消除 T_F，得

$$\{h_c/\phi + [\exp(\lambda_h/R) - 1]h_v + c_p(T_v - T_\infty)\}\exp(-\lambda_h/r_F) = h_c/\phi \tag{10-17}$$

现在引入假设，火焰面外侧的质量扩散率和热扩散率相等，表示为

$$D_f = \frac{k}{\rho c_p}$$

由此可得 $\lambda = \lambda_h$。将式(10-10)代入式(10-17)消除火焰面半径（r_F），可得氧化剂液滴的汽化质量流量为

$$\Gamma = \frac{4\pi k}{c_p} R \ln\left[\frac{h_c Y_{f,\infty} + c_p(T_\infty - T_v)}{h_v} + 1\right] \tag{10-18}$$

在文献中，引入斯伯尔丁(Spaulding)参数，定义为

$$B \equiv \frac{h_c Y_{f,\infty} + c_p(T_\infty - T_v)}{h_v} \tag{10-19}$$

现在可以利用汽化质量流量来表示火焰面半径、火焰面温度等参数。将式(10-10)与式(10-18)比较可得

$$r_F = R\frac{\ln(1+B)}{\ln(1+\phi Y_{f,\infty})} \tag{10-20}$$

再结合式(10-13)，整理得

$$T_F = T_v + \frac{h_v}{c_p}\left(\frac{B - \phi Y_{f,\infty}}{1 + \phi Y_{f,\infty}}\right) \tag{10-21}$$

下面给出具体数据，演示在富燃气氛中氧化剂液滴汽化和燃烧的特征参数的量级。

10.2.2 氧化剂液滴在富燃气氛中汽化和燃烧的特征参数量级

考虑富燃的液氧/煤油燃烧室。对于液氧/煤油推进剂，燃烧的理论化学当量比 $\phi = 2.4$，设实际供应推进剂的混合比为 $\phi_r = 2$，以煤油计量的燃烧热约为 $h_c = 4.3 \times 10^7 \text{J/kg}$，且液氧的汽化热为 $h_v = 2.13 \times 10^5 \text{J/kg}$。设液氧液滴所处的环境过余温度为 $T_\infty - T_v = 2000\text{K}$，并取所有气体的比定压热容 $c_p = 2000\text{J/(kg·K)}$。可以计算得

$$Y_{f,\infty} = \frac{1 - 2/2.4}{1 + 2} = 0.056, \quad \phi Y_{f,\infty} = 2.4 \times 0.056 = 0.13$$

$$B = \frac{4.3 \times 10^7 \times 0.056 + 2000 \times 2000}{2.13 \times 10^5} = 30.07$$

由此可知，$\ln(\phi Y_{f,\infty} + 1) \approx \phi Y_{f,\infty} \ll 1$，而 $B \gg 1$，这些数量特征使得火焰面半径和火焰面温度的计算式可以进一步简化，读者试自行推导。

在前文推导液滴汽化燃烧模型时作了假设：液滴周围的气相场是稳态的。这是因为液滴半径变化相对于气相场随时间的演化是一个慢过程。利用每个瞬间都是稳态流场的条件确定了汽化质量流量之后，可反求液滴半径的变化规律。组合式(10-1)和式(10-18)得

$$-\rho_{ox} 4\pi R^2 \frac{dR}{dt} = \frac{4\pi k}{c_p} R \ln(1+B) \tag{10-22}$$

取液滴初始半径为 R_0，对式(10-22)积分得

$$R = R_0 \sqrt{1 - \left(\frac{k}{\rho_{ox} c_p}\right)\frac{2\ln(1+B)}{R_0^2} t} \tag{10-23}$$

引入一个特征参数——濒殒汽化时间，定义为

$$\tau_v = \frac{R_0^2}{2\ln(1+B)} \frac{\rho_{ox} c_p}{k} \tag{10-24}$$

式(10-24)表明濒殒汽化时间与液滴初始表面积成正比（$\tau_v \propto R_0^2$），与液滴的热扩散率（$a = k/(\rho_{ox} c_p)$）成反比。将液滴半径随时间变化的关系式写为

$$\frac{R}{R_0} = \sqrt{1 - \frac{t}{\tau_v}} \tag{10-25}$$

考虑初始半径 $R_0 = 50\mu m$ 的液氧液滴，$\rho_{ox} = 1140 kg/m^3$，$k = 0.1 W/(m \cdot K)$，其他确定汽化质量流量的参数如前文，可得

$$\tau_v = \frac{1140 \times 2000 \times (5 \times 10^{-5})^2}{2 \times 0.1 \times \ln(1 + 30.07)} s \approx 8 \times 10^{-3} s = 8 ms$$

液滴半径和濒死汽化时间直接决定着燃烧室的轴向长度。假设在燃烧室中气流的轴向流速约为 $200 m/s$，则初始半径 $R_0 = 50\mu m$ 的氧化剂液滴完全汽化所需飞行距离约为 $1.6 m$，对应的燃烧室质量显然过大了。另外，若液滴半径减小到 $R_0 = 10\mu m$，完全汽化所需路径长度就只有 $0.066 m$。可见，高品质的雾化对于液体火箭发动机是多么重要。

关于燃料液滴在富燃气氛中、燃料液滴在富氧气氛中，以及氧化剂液滴在富氧气氛中汽化和燃烧的解析分析，读者可以自行推导。

10.3 燃烧室特征长度计算

如式(10-24)所示，液滴的濒死汽化时间与 Spaulding 参数（B）相关。由于大部分液体火箭发动机的燃烧室都采用富燃工作模式，故只考察两种液滴汽化情形。

燃料液滴在富燃气氛中汽化的 Spaulding 参数为

$$B_{f,f} = \frac{c_p(T_\infty - T_{v,f})}{h_{v,f}} \tag{10-26}$$

氧化剂液滴在富燃气氛中汽化的 Spaulding 参数为

$$B_{ox,f} = \frac{h_c Y_{f,\infty} + c_p(T_\infty - T_{v,ox})}{h_{v,ox}} \tag{10-27}$$

对于液氧/煤油推进剂，有 $h_{v,ox} < h_{v,f}$，而且燃烧热（h_c）比汽化热（$h_{v,ox}$）大两个数量级，因此有 $B_{ox,f} \gg B_{f,f}$。这意味着在富燃氛围中，氧化剂液滴比燃料液滴汽化得更快。故对于燃气发生器循环的液氧/煤油推进剂发动机，限定燃烧室长度的主要因素应该是燃料液滴的濒死汽化时间。

设燃料液滴群在燃烧室中飞行的速度为 u_d，燃料液滴群的数密度为 n_d，燃烧室截面积为 A，燃料的质量流量为 $\dot{m}_f$。在燃料液滴群汽化消弭之前，任意截面上的燃料液滴群所占燃料质量的份额为

$$X = \frac{4}{3}\pi R^3 \rho_f \frac{n_d u_d A}{\dot{m}_f} \tag{10-28}$$

燃料液滴的数通量（$n_d u_d A$）是守恒的，因此 $X \propto R^3$。燃料液滴群刚进入燃烧室时 $X = 1$，结合式(10-25)可知，燃料液滴占燃料质量的份额随时间变化关系为

$$X = \left(1 - \frac{t}{\tau_v}\right)^{3/2} \tag{10-29}$$

已经变成气体的燃料气流通量份额为 $1-X$，故截面上混合气的平均流速为

$$u_g = \frac{(1-X)\dot{m}_f + \dot{m}_{ox}}{\rho_g A} \tag{10-30}$$

记燃料液滴全部汽化后的混合气密度和平均流速分别为 $\rho_{g,c}$ 和 u_c，则有

$$u_c = \frac{\dot{m}}{\rho_{g,c} A} \tag{10-31}$$

若燃料和氧化剂分子质量相差无几，且燃料与氧化剂混合气的密度（ρ_g）、温度（T_g）在液滴汽化路径上近乎匀一，则有

$$\frac{u_g}{u_c} = \frac{\dot{m}_f(1-X) + \dot{m}_{ox}}{\dot{m}} = \frac{1-X+\phi_r}{1+\phi_r} \tag{10-32}$$

将式(10-29)代入式(10-32)整理得

$$u_g = \frac{u_c}{1+\phi_r}\left[1+\phi_r - \left(1-\frac{t}{\tau_v}\right)^{3/2}\right] \tag{10-33}$$

显然液滴的飞行滞后于气体的流动，这产生气流对液滴的拖曳力。设由液滴直径和气体的黏性、流速等决定的雷诺数较小（液滴的惯性力与气体的黏滞力相比是小量），液滴周围的气流满足 Stokes 流的条件，液滴的动量方程为

$$\frac{4}{3}\pi R^3 \rho_f \frac{du_d}{dt} = 6\pi R \mu_g (u_g - u_d) \tag{10-34}$$

式中，μ_g 为气流的动力黏度。

引入速度弛豫时间，定义为

$$\tau_{rel} = \frac{2}{9} R_0^2 \frac{\rho_f}{\mu_g} \tag{10-35}$$

则方程(10-34)可写为

$$\tau_{rel} \left(\frac{R}{R_0}\right)^2 \frac{du_d}{dt} = u_g - u_d \tag{10-36}$$

将式(10-36)与式(10-33)以及式(10-25)联立，式(10-36)是液滴速度（u_d）作为时间（t）的函数的线性、一阶方程。为使方程(10-36)的求解更简练，对其做无量纲化处理。引入以下无量纲量：

$$1-\frac{t}{\tau_v} = \theta, \quad \frac{u_d}{u_c} = \upsilon, \quad \frac{\tau_v}{\tau_{rel}} = b \tag{10-37}$$

方程(10-36)可变换为

$$\frac{\theta}{b}\frac{\mathrm{d}\upsilon}{\mathrm{d}\theta} = \frac{\theta^{3/2}}{1+\phi_r} - 1 + \upsilon \tag{10-38}$$

将液滴群初始速度记为 $u_d(0) = u_{d0}$，方程(10-38)的解为

$$\upsilon = 1 + \left[\frac{u_{d0}}{2} - 1 - \frac{2b}{(3-2b)(1+\phi_r)}\right]\theta^b + \frac{2b}{(3-2b)(1+\phi_r)}\theta^{3/2} \tag{10-39}$$

将液滴速度在时域上再做一次积分即可求得燃烧室最小长度，表示为

$$L = \int_0^{\tau_v} u_d \mathrm{d}t = u_c \tau_v \int_0^1 \upsilon(\theta)\mathrm{d}\theta \tag{10-40}$$

经化简后的燃烧室最小长度表示为

$$\frac{L}{u_c \tau_v} = \frac{1}{1+b}\left[\frac{u_{d0}}{u_c} + \left(1 - \frac{2/5}{1+\phi_r}\right)b\right] \tag{10-41}$$

那么，无量纲参数 $b = \tau_v / \tau_{rel}$ 扮演什么角色呢？由两个时间常数的定义可得

$$b = \frac{9}{4}\frac{Pr}{\ln(1+B)} \tag{10-42}$$

对于大致的参数 $B = 30$ 和 $Pr = 0.8$，有 $b = 0.52$。

10.4 离心式喷嘴流量特性计算模型

根据雾化原理，使液体雾化的装置分为直流喷嘴、离心喷嘴和气动喷嘴，其中气动喷嘴是气态和液态推进剂同轴喷注的装置。离心喷嘴和气动喷嘴的结构示意如图 10.3 所示。

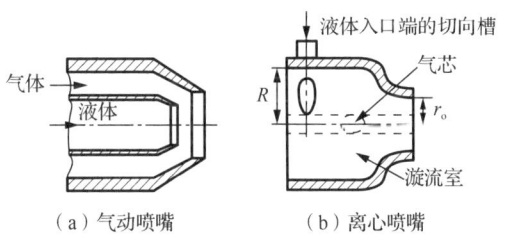

（a）气动喷嘴　　（b）离心喷嘴

图 10.3　典型喷嘴结构示意图

对于如图 10.3(b)所示结构的离心喷嘴，建立流量特性模型，即入口压强、出口处背压和流道几何尺寸给定条件下的液体质量流量关联式。

对于推进剂液体和旋流室内的流动，假设：①液体是无黏性的理想流体；②忽略液流的径向速度；③喷嘴处于最大流量状态。

离心喷嘴中流动的主要特征——漩流，是由喷嘴入口端的切向槽引入的，切向流带

来相对于中轴线的角动量。理想流体在流动中角动量守恒。切向槽内液体的全部质量集中在其中心线上，记流速为 u_i，与流量关联为

$$u_i = \frac{\dot{m}}{n\rho\pi r_i^2} \tag{10-43}$$

式中，n 为切向槽的数目；r_i 为其内孔半径；ρ 和 $\dot{m}$ 分别为液体密度和质量流量。记切向槽中心线与漩流室中轴线的距离为 R_s，液流在任意半径（r）处的圆周切向流速（u_θ）可由入口角动量确定为

$$u_\theta = u_i \frac{R_s}{r} \tag{10-44}$$

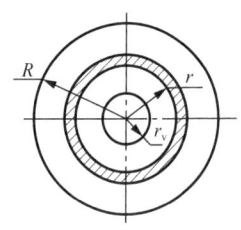

图 10.4 离心喷嘴出口截面压强梯度方程推导用图

式（10-44）表明：液流半径减小则切向流速增大。但最大的切向流速是一个有限值，意味着喷嘴中轴线附近存在一个液流无法到达的区域，只能为气体占据，称为气芯。而在喷嘴出口截面的液流区，漩流造成径向压强梯度，可根据离心力与压力平衡的条件导出其表达式。如图 10.4 所示，在喷嘴出口截面上半径为 r 处取侧面高度为 1 个单位的环形微元体，径向厚度为 dr，其质量为

$$dm = \rho 2\pi r dr \tag{10-45}$$

当上述环形质量微元以圆周切向流速 u_θ 做旋转运动时，离心力与径向内外侧的压力差相平衡，表示为

$$2\pi r dp = dm \frac{u_\theta^2}{r} \rightarrow dp = \rho \frac{u_\theta^2}{r} dr \tag{10-46}$$

对角动量守恒方程（10-44）取微分，与式（10-46）联立积分，得流动守恒量为

$$\frac{p}{\rho} + \frac{u_\theta^2}{2} = \text{const} \tag{10-47}$$

根据式（10-47），液流的最大圆周切向流速由液-气界面处的气压决定，记喷嘴出口处的气体背压为 p_b，液流的圆周切向流速为 $u_{\theta v}$，则

$$\frac{p_b}{\rho} + \frac{u_{\theta v}^2}{2} = \text{const} \tag{10-48}$$

此外，忽略黏性时，喷嘴旋流室内液流的能量守恒方程为

$$\frac{p}{\rho} + \frac{u_z^2 + u_\theta^2}{2} = \frac{p_0}{\rho} = \text{const} \tag{10-49}$$

式中，p 为液流静压；u_z 为轴向位置为 z 处的轴向流速；p_0 为液体进入切向槽之前的总

压。与式(10-47)对照表明：在喷嘴出口截面上，不论位置离轴心远近，全部液体质点具有相同的轴向流速。由于气芯的存在，喷嘴出口截面上用以通过液流的实际面积减小。设实际通流面积所占份额为 ε，则

$$\varepsilon = \frac{r_o^2 - r_v^2}{r_o^2} \tag{10-50}$$

喷嘴的液体质量流量可用出口截面上的参数表示为

$$\dot{m} = \rho u_{zv} \pi r_o^2 \varepsilon \tag{10-51}$$

式中，u_{zv} 为喷嘴出口截面上液-气界面处的液流轴向流速。

为计算液体流量，需从以上方程中消除圆周切向流速（$u_{\theta v}$）和实际通流面积所占份额（ε）。由角动量守恒方程及连续方程，可得

$$u_{\theta v} = u_{zv} \frac{R_s r_o}{n r_i^2} \frac{\varepsilon}{\sqrt{1-\varepsilon}} \tag{10-52}$$

引入喷嘴的几何特性参数，表示为

$$C_N = \frac{R_s r_o}{n r_i^2} \tag{10-53}$$

将式(10-52)代入能量守恒方程(10-49)，解出轴向流速，质量流量表示为

$$\dot{m} = \pi r_o^2 \sqrt{\frac{2\rho(p_0 - p_b)}{\dfrac{C_N^2}{1-\varepsilon} + \dfrac{1}{\varepsilon^2}}} \tag{10-54}$$

引入喷嘴流量系数，表示为

$$C_d = \frac{1}{\sqrt{\dfrac{C_N^2}{1-\varepsilon} + \dfrac{1}{\varepsilon^2}}} \tag{10-55}$$

阿勃拉莫维奇提出，气芯的大小应该适应流量系数最大化的状态，满足

$$\frac{\partial C_d}{\partial \varepsilon} = 0 \tag{10-56}$$

由此可得

$$C_N = \sqrt{\frac{2(1-\varepsilon)^2}{\varepsilon^3}} \tag{10-57}$$

可见，在阿勃拉莫维奇理论下，离心喷嘴流量系数只与其几何特性有关。实验表明，喷嘴流量系数还与液体的黏性、喷嘴结构有关。

10.5 电火花点燃理论

10.5.1 电极放电点燃预混气模型

多次启动的液氧/煤油、液氧/液氢火箭发动机大多采用电火炬或加强式电火花点火器。

用电火花点燃推进剂，大致分为三个阶段：首先，电极间的混合气击穿形成电弧，电离和加热作用（促进燃烧）使混合气局部着火，形成初始的火焰中心；然后，当火焰中心向周围扩展并能自持时，形成驻止或者移动的火焰，不再需要电极放电维持；最后，火焰后的高温气团像火炬一样点燃推进剂。

初始火焰中心能否形成取决于电极间隙内的推进剂混合比、压强、初温、流动状况以及放电提供的能量；初始火焰能否传播开来也与混合气的状态有关。下面用一简单模型说明电火花点燃混合气的过程。

设两电极放电间距为 h，电极放电面积可忽略。初始时刻，新鲜混合气沿垂直于电极轴线的方向流动，密度（ρ_∞）、温度（T_∞）、流速（u_∞）等都均一。

当电弧加热流动的混合气时，电弧将被不断吹长，如图 10.5(a)~(c)所示，可将电弧简化为 U 字形。U 字形的两侧边对点燃不起作用，只有底边加热区称为点燃的"线源"，它是长圆柱形的热源。当"线源"内的混合气被电弧加热到温度 T_f（等于混合气的理论燃烧温度）且其半径达到自持燃烧的最小值（$r_{\min}$）时，认为点燃成功。

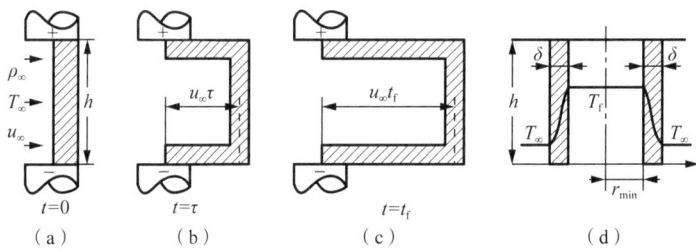

图 10.5 混合气中电弧吹长过程及着火参数分布的示意图

记电极放电总能量为 E_d，假设在时间和电弧占据的空间上放电都是均匀的，任意瞬间"线源"的功率为

$$P_h = \frac{E_d}{t_f} \frac{h}{h + 2u_\infty t} \tag{10-58}$$

"线源"获得的总能量为

$$E_h = \int_0^{t_f} \frac{E_d}{t_f} \frac{h}{h + 2u_\infty t} \mathrm{d}t = \frac{hE_d}{2u_\infty t_f} \ln\left(\frac{h + 2u_\infty t_f}{h}\right) \tag{10-59}$$

当"线源"内的气体被加热到理论燃烧温度时，吸收的总能量为

$$E_\mathrm{h} = c_p(T_\mathrm{f} - T_\infty)\rho_\infty(\pi r_{\min}^2 h) \tag{10-60}$$

当流动为层流时，"线源"点燃成功时着火区的燃烧热与通过侧面向未燃区的传导热平衡，表示为

$$(\pi r_{\min}^2 h)q_\mathrm{f}\rho_\infty^2 G = 2\pi r_{\min} h \frac{\lambda(T_\mathrm{f} - T_\infty)}{cr_{\min}} \tag{10-61}$$

式中，q_f 为以燃料质量计量的燃烧热；G 为包含推进剂组元质量分数乘积（$Y_\mathrm{f} \cdot Y_\mathrm{ox}$）、燃烧活化能、理论燃烧温度（$T_\mathrm{f}$）等参数的函数，反映以单位体积内燃料质量变化率表征的燃烧速率；λ 为混合气的热导率；层流火焰厚度 $\delta \approx cr_{\min}$，其中 c 为常数。

将式（10-61）所确定的"线源"最小半径代入式（10-60），并令"线源"获得的总能量与其内的气体加热到燃烧温度所需能量相等，可得

$$\frac{4\pi}{q_\mathrm{f}\rho_\infty G}\frac{\lambda c_p(T_\mathrm{f} - T_\infty)^2}{c} = \frac{E_\mathrm{d}}{u_\infty t_\mathrm{f}}\ln\left(\frac{h + 2u_\infty t_\mathrm{f}}{h}\right) \tag{10-62}$$

对于特定的推进剂组合、混合比以及初温，式（10-62）可被简化为

$$\frac{u_\infty t_\mathrm{f}}{pE_\mathrm{d}} = C\ln\left(\frac{h + 2u_\infty t_\mathrm{f}}{h}\right) \tag{10-63}$$

式中，C 为常数，压强（p）是与混合气密度（ρ_∞）成正比的。除常数 C 外，其他都是可调整的量。实验证实了式（10-63）的有效性。

10.5.2 预混气中层流火焰传播模型

在预混气中着火时，燃烧区由初始点燃的位置向未燃区移动，这个燃烧区通常极薄，一般只有数十到数百微米，称为火焰前锋，有时也直接看成几何的面。火焰位移速度就是火焰前锋在未燃气中前进时相对固连于点火器的坐标系的速度。

若在一绝热圆管内火焰前锋以速度 S 沿着管道传播，假定火焰前锋是与管轴垂直的圆面，混合气是静止的。将坐标系原点固定在火焰前锋上，则混合气流速大小为 S。如图10.6所示，将火焰前锋及其附近区域放大的结构的上下游边界分别标识为 U—U 和 D—D。

火焰前锋有如下特点。

(1)在火焰前锋的很大一部分厚度内，燃烧的速度很小，可以忽略不计，这部分称为预热区，其厚度记为 δ_p。燃烧主要发

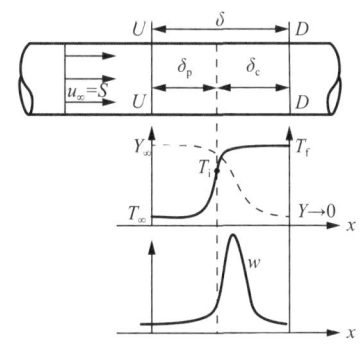

图10.6 火焰结构及其温度、浓度分布示意图

生在另外的很窄区域内，这部分称为反应区，其厚度记为 δ_c。混合气经过反应区之后，绝大部分可燃组分（质量分数为 Y）都发生了燃烧。

(2) 由于火焰前锋的厚度很小而温度和浓度变化很大，故沿管道轴线方向的浓度梯度和温度梯度都极大，引起火焰中强烈的物质扩散流和热流。

将上述绝热圆管内流动视为一维含燃烧的定常层流，气体的比定压热容（c_p）、热导率（λ）、质量扩散率（D）等均视为常量，质量流连续方程为

$$\rho u = \rho_\infty u_\infty = \rho S \tag{10-64}$$

动量方程近似为

$$p = \text{const} \tag{10-65}$$

能量守恒方程为

$$\rho u c_p \frac{dT}{dx} = \frac{d}{dx}\left(\lambda \frac{dT}{dx}\right) + w q_f \tag{10-66}$$

式中，q_f 为以单位质量的燃料计量的燃烧热，单位为 J/kg；w 为以单位体积内燃料的质量变化率计量的燃烧速率，单位为 $\text{kg}/(\text{m}^3 \cdot \text{s})$。

燃料组分的质量迁移方程为

$$\rho u \frac{dY}{dx} = \frac{d}{dx}\left(D\rho \frac{dY}{dx}\right) - w \tag{10-67}$$

含火焰流场的边界条件为

$$\begin{aligned} x = -\infty: \quad & Y = Y_\infty, \quad T = T_\infty \\ x = +\infty: \quad & Y = 0, \quad T = T_f \end{aligned} \tag{10-68}$$

感兴趣的问题是，火焰传播速度的解是什么形式，也就是稳定的温度和浓度剖面以何种有限而确定的速度在传播。泽尔多维奇和弗朗克-卡门涅茨基提出分区近似解法，主要思想是在预热区中忽略燃烧的影响，而在反应区中忽略能量方程对流项（温度的一阶导数项）的影响。各分区的解在界面处按照连续性衔接，即获得整个火焰前锋的解。

预热区中的能量方程近似为

$$\rho_\infty S c_p \frac{dT}{dx} = \lambda \frac{d}{dx}\left(\frac{dT}{dx}\right) \tag{10-69}$$

边界条件为

$$x = -\infty: \quad T = T_\infty, \quad \frac{dT}{dx} = 0$$

记预热区和反应区界面上的温度为 T_i，将式(10-69)积分得

$$\rho_\infty S c_p (T_i - T_\infty) = \lambda \left(\frac{dT}{dx}\right)_i \tag{10-70}$$

再看反应区的求解。反应区中的能量方程近似为

$$\lambda \frac{\mathrm{d}}{\mathrm{d}x}\left(\frac{\mathrm{d}T}{\mathrm{d}x}\right) + wq_\mathrm{f} = 0 \tag{10-71}$$

边界条件为

$$x = +\infty: \quad T = T_\mathrm{f}, \quad \frac{\mathrm{d}T}{\mathrm{d}x} = 0$$

作如下变换:

$$\frac{\mathrm{d}}{\mathrm{d}x}\left(\frac{\mathrm{d}T}{\mathrm{d}x}\right) = \frac{\mathrm{d}T}{\mathrm{d}x}\frac{\mathrm{d}}{\mathrm{d}T}\left(\frac{\mathrm{d}T}{\mathrm{d}x}\right) = \frac{1}{2}\frac{\mathrm{d}}{\mathrm{d}T}\left[\left(\frac{\mathrm{d}T}{\mathrm{d}x}\right)^2\right]$$

对变换后的式(10-71)在温度域上积分得

$$\left(\frac{\mathrm{d}T}{\mathrm{d}x}\right)_\mathrm{i} = \sqrt{\frac{2q_\mathrm{f}}{\lambda}\int_{T_\mathrm{i}}^{T_\mathrm{f}} w\mathrm{d}T} \tag{10-72}$$

式(10-70)与式(10-72)给出的预热区和反应区界面上的温度梯度衔接,火焰传播速度表示为

$$S = \frac{\sqrt{2\lambda q_\mathrm{f} \int_{T_\mathrm{i}}^{T_\mathrm{f}} w\mathrm{d}T}}{\rho_\infty c_p (T_\mathrm{i} - T_\infty)} \tag{10-73}$$

出现在式(10-73)中的界面温度T_i是无法确定的,因此需要进一步近似处理。考虑到燃烧速率随温度呈指数形式变化,认为在温度域中,有

$$\int_{T_\infty}^{T_\mathrm{i}} w\mathrm{d}T \approx 0 \quad \rightarrow \quad \int_{T_\mathrm{i}}^{T_\mathrm{f}} w\mathrm{d}T \approx \int_{T_\infty}^{T_\mathrm{f}} w\mathrm{d}T$$

以及

$$T_\mathrm{i} - T_\infty \approx T_\mathrm{f} - T_\infty$$

可将火焰传播速度表示式改写为

$$S = \frac{\sqrt{2\lambda q_\mathrm{f} \int_{T_\infty}^{T_\mathrm{f}} w\mathrm{d}T}}{\rho_\infty c_p (T_\mathrm{f} - T_\infty)} \tag{10-74}$$

设燃烧为n级反应,则燃烧速率的一般形式为

$$w = w_0 \left(\rho Y_\infty \frac{T_\mathrm{f} - T}{T_\mathrm{f} - T_\infty}\right)^n \exp\left(-\frac{E_\mathrm{a}}{RT}\right)$$

至此,火焰传播速度与混合气的物理、化学特性参数之间的定量关系就可以确定了。

10.6 一些重要的燃烧机理

复杂的燃烧机理是化学家的思想与实验推演的结果。随着更深入的理解出现，机理就会发生变化，这是与热力学第一定律或者其他守恒原理不同的。读者在看待后文所述反应机理时应秉持这一观念。

1. H_2-O_2 反应

对于液氧-液氢和液氧-烃类燃料火箭发动机，H_2-O_2 反应系统都是重要的。

目前认为，自由基氢原子的产生是 H_2-O_2 系统开始链式反应的源头。当温度很高时，此系统的初始激发反应为

$$H_2 + M^* \longrightarrow H + H + M \tag{10-75a}$$

式中，M 为任意分子，通常称为第三体；M^* 为它的高能态。读者可依据反应放热或者吸热推断第三体的能态，故后文中不再标注其能态。只有在温度很高的系统中，才有能量足够大的分子在与 H_2 的一次碰撞中产生 2 个自由基氢原子。M^* 的高于平均态的动能传递给了新生成的自由基氢原子。

接下来，包含自由基 H、O 和 OH 的链式反应为

$$H + O_2 \longrightarrow O + OH \tag{10-75b}$$

$$O + H_2 \longrightarrow H + OH \tag{10-75c}$$

$$OH + H_2 \longrightarrow H_2O + H \tag{10-75d}$$

$$O + H_2O \longrightarrow OH + OH \tag{10-75e}$$

包含自由基 H、O 和 OH 的自由基链中断的反应为

$$H + H + M \longrightarrow H_2 + M \tag{10-75f}$$

$$O + O + M \longrightarrow O_2 + M \tag{10-75g}$$

$$H + O + M \longrightarrow OH + M \tag{10-75h}$$

$$H + OH + M \longrightarrow H_2O + M \tag{10-75i}$$

对于液体火箭发动机燃烧过程，上述反应都是可逆的，故需要考虑 6 种组分和 18 个反应。

在其他温度条件下，分子的能量都不够高，与 H_2 的一次碰撞中只能产生 1 个自由基氢原子和 1 个中间产物过氧羟基（HO_2），此过程中断裂 1 个键和形成 1 个键。系统的初始激发反应为

$$H_2 + O_2 \longrightarrow HO_2 + H \tag{10-75j}$$

而且过氧羟基(HO_2)之间或者它与氢分子可生成过氧化氢(H_2O_2),这样的 H_2-O_2 反应系统的演化模拟就需要考虑 8 种组分和 40 个反应。

2. 一氧化碳的氧化

碳氢化合物的燃烧可简单分为两步:首先断裂生成 CO,然后氧化为 CO_2。

在没有含氢的组分存在时,CO 的氧化是很慢的。CO 直接氧化反应为

$$CO + O_2 \longrightarrow CO_2 + O \tag{10-76a}$$

含有羟基的 CO 氧化步骤比含有 O_2 或者 O 的反应快得多,这个反应为

$$CO + OH \longrightarrow CO_2 + H \tag{10-76b}$$

因此,很少量的 H_2O 或者 H_2 就会对 CO 的氧化速率产生很大影响。

若 H_2O 是初始的含氢组分,产生反应(10-76b)所需要的羟基的反应为

$$O + H_2O \longrightarrow OH + OH \tag{10-76c}$$

综合上述反应来看,尽管反应(10-76a)很慢,但它起到了激发链式反应(10-76c)的作用。CO 氧化最关键的反应实际上是反应(10-76b),该反应还是一个链式反应,产生 1 个自由基氢原子。这个自由基氢原子进一步与氧分子反应,产生 1 个羟基和 1 个自由基氧原子,表示为

$$H + O_2 \longrightarrow OH + O \tag{10-76d}$$

反应(10-76d)产生的自由基再回到氧化步骤(反应(10-76b)和反应(10-76c)),引发更多 CO 的氧化以及产生更多的自由基。

若氢分子是初始的含氢组分,则产生羟基的反应为

$$O + H_2 \to OH + H \tag{10-76e}$$

综合以上情况,存在含氢组分时,为了完整描述 CO 的氧化,就需要包括全部的 H_2-O_2 反应系统。

3. 长链烷烃的氧化

长链烷烃(通式为 C_nH_{2n+2},氢原子数目达到最大值)的氧化可分为以下三个过程。

(1)长链受到 O 和 H 原子的撞击而分解成烯烃(通式为 C_nH_{2n},且 $n > 2$)和氢。在有氧的情况下,氢都氧化成水。

(2)不饱和的烯烃进一步氧化成 CO 和 CO_2。所有的氢都应转化成水。

(3)CO 通过与羟基反应(反应(10-76b))而燃尽。在总的燃烧过程中释放的热量几乎都发生在这一步。

4. 甲烷燃烧

由于甲烷(CH_4)具有特有的四面体形的分子结构和很大的 C—H 键能,它显示出与

其他长链烷烃不同的燃烧特性。例如，它具有很高的着火温度和很低的火焰传播速度等。对于甲烷燃烧（C-H-O 系统）的机理研究，已经可以考虑多达 177 个反应。

CH_4 氧化成 CO_2 的主要途径如下：首先，OH、H 和 O 自由基撞击 CH_4 分子产生甲基（CH_3）自由基，甲基自由基与 1 个氧原子结合生成甲醛（CH_2O）；然后，甲醛在 OH、H 和 O 自由基撞击下形成甲酸基（HCO），甲酸基进一步转化为 CO；最后，CO 由羟基激发转化为 CO_2。

思考与练习题

10-1 查找文献，梳理出苏联的液氧/煤油火箭发动机 RD-170、美国的液氧/液氢火箭发动机 RS-24 上推进剂在流路上的状态（液体或者气体、燃气）变化。

10-2 试从物理原理角度解释阿勃拉莫维奇提出的"气芯的大小应该适应流量系数最大化的状态"的合理性。

第 11 章 不稳定燃烧分析与抑制

历史上，消除燃烧不稳定曾经是一个新的液体火箭发动机研制项目的最重要内容。其原因在于几乎没有可靠的方法学来保证设计的稳定性，也肇因于不稳定性发生时的潜在灾难性后果。时至今日，借助极大提升的模拟能力，上述困境在一定程度上得到了纾解。通过学习读者将明白，这个领域是与喷雾燃烧问题紧密关联的，而喷雾燃烧设计也曾经是理论化极差的领域。尽管迄今已经在燃烧稳定性领域取得了令人鼓舞的进步，但尚未达到在设计之前就能拿出可靠手段的程度，至少在抑制高频不稳定现象发生的技术方面如此。

本章给出不稳定燃烧分析与抑制的简化解析模型方法。

11.1 低频不稳定燃烧

对低频不稳定燃烧的分析，典型做法是将其分解为燃烧室部分和其他部分。燃烧室部分涉及燃气的发生、存储和排出。其他部分（如喷注器、泵）提供燃烧室内不稳定过程的耦合动态质量添加。对于入门性的学习，一般使用线性化的扰动模型。

作为一个简单的示例，此处仅探讨燃烧室和喷注器的耦合。假设注入燃烧室的推进剂液体经过时间段 τ_v 后汽化，这个时间段反映液体雾化为液滴和液滴汽化的总过程耗时（尽管可能用相应的两个时间段描述更好）。以 p_c 和 T_c 表示燃烧室内匀一的压强和温度，V_c 表示燃烧室容积。汽化速率表示为

$$\dot{m}_v(t) = \dot{m}_i(t - \tau_v) \tag{11-1}$$

式中，$\dot{m}_i(t-\tau_v)$ 为在 $t-\tau_v$ 时刻注入燃烧室的推进剂液体的质量流率。

喷管喉部始终处于流动壅塞状态，即排出的气体质量流率可表示为 $\dot{m}_e = p_c A_t / c^*$，其中 A_t 表示喷管喉部的流通截面积，燃气的特征速度 c^* 为常量。燃烧室内质量平衡方程为

$$\frac{\mathrm{d}}{\mathrm{d}t}\left(\frac{p_c}{R_g T_c}V_c\right) = \dot{m}_i(t-\tau_v) - \frac{p_c A_t}{c^*} \tag{11-2}$$

式中，R_g 为燃气的气体常数，其单位为 $\mathrm{J/(kg \cdot K)}$。

记喷注器的液体过流孔面积为 A_i，上游集液腔内压强为 p_i，则质量流率表示为

$$\dot{m}_i = A_i\sqrt{2\rho_l(p_i - p_c)} \tag{11-3}$$

式中，ρ_l 为推进剂液体的密度。

将式(11-3)代入式(11-2)，视除燃烧室压强(p_c)之外的其他量均为常量，以$\bar{p}_c$表示p_c的稳态值，以p'_c表示围绕均值的扰动量，$p_c = \bar{p}_c + p'_c$。利用函数在稳态值附近的一阶近似，得到燃烧室压强扰动量的动态方程为

$$\frac{V_c}{R_g T_c}\frac{\mathrm{d}p'_c}{\mathrm{d}t} = -\bar{m}_e\left[\frac{1}{2}\frac{p'_c(t-\tau_v)}{p_i - \bar{p}_c} + \frac{p'_c}{\bar{p}_c}\right] \tag{11-4}$$

式中，p'_c为当前时刻(t时刻)的压强扰动量；$p'_c(t-\tau_v)$为$t-\tau_v$时刻的压强扰动量，二者有时间差；稳态燃气排出质量流率为

$$\bar{m}_e = \frac{\bar{p}_c A_t}{c^*} = A_i\sqrt{2\rho_l(p_i - \bar{p}_c)} \tag{11-5}$$

引入燃烧室排空时间参数，定义为

$$\tau_c = \frac{V_c}{R_g T_c}\frac{\bar{p}_c}{\bar{m}_e} \tag{11-6}$$

另一个表征喷注压降相对幅度的参数为

$$\Delta = \frac{p_i - \bar{p}_c}{\bar{p}_c} \tag{11-7}$$

将方程(11-4)用压强扰动的相对值$\tilde{p}_c = p'_c/\bar{p}_c$以及上述两参数重新整理为

$$\tau_c\frac{\mathrm{d}\tilde{p}_c}{\mathrm{d}t} = -\frac{1}{2\Delta}\tilde{p}_c(t-\tau_v) - \tilde{p}_c \tag{11-8}$$

设压强扰动的形式为

$$\tilde{p}_c = \mathrm{Re}(\hat{C}\mathrm{e}^{\mathrm{i}\omega t}) \tag{11-9}$$

式中，$\hat{C}$为复振幅；ω为复常数；i为虚数单位。将式(11-9)代入式(11-8)，整理得

$$\mathrm{i}\omega\tau_c = -\frac{1}{2\Delta}\mathrm{e}^{-\mathrm{i}\omega\tau_v} - 1 \tag{11-10}$$

对于式(11-9)所给形式，当ω的虚部为负数($\mathrm{Im}(\omega) < 0$)时振荡逐步增大而趋于不稳定；当ω为纯实数时处于临界稳定。将临界稳定条件施加到式(11-10)，消除变量ω，可得汽化燃烧过程处于临界稳定的参数条件为

$$\frac{\tau_v}{\tau_c} = \frac{2\Delta}{\sqrt{1-4\Delta^2}}[\pi - \arccos(2\Delta)] \tag{11-11}$$

对应的临界振荡频率为

$$\omega_c = \frac{\pi - \arccos(2\Delta)}{\tau_v} \tag{11-12}$$

根据式(11-11)，当 $\Delta > 0.5$ 时临界条件不成立，表明增大喷注压降具有抑制不稳定燃烧的作用。选择 $\Delta > 0.5$ 会导致过重和损耗过大的增压与喷注系统，实际的发动机喷注压降 $\Delta \approx 0.2$。

还可以从另外的角度对喷注与燃烧耦合导致不稳定的机制补充一些认识。可整理得到燃烧室内气体质量添加的扰动量与压强的扰动量之间变化关系为

$$\tilde{\tilde{m}}_v = -\frac{1}{2\Delta}\tilde{p}_c(t-\tau_v) \tag{11-13}$$

式(11-13)表明燃气质量添加峰相对于压强峰具有超前相位。在临界工况，超前相位角为 $\arccos(2\Delta)$；当 Δ 较小时，相位角接近 $\pi/2$，质量添加引导压强振荡。

11.2 高频不稳定燃烧

在获得大规模计算能力之前，燃烧稳定性领域最成功的理论化发展成就是 L. Crocco 的敏感时滞理论。这并非一个精细的物理理论，而是一个模型。它包含数个通过直觉性考虑引入的基本参数，用这些参数来关联影响稳定性阈值的实验观测量。模型中最重要的参数是敏感时滞，从推进剂液体注入燃烧室的时刻到最后完成汽化的时刻之间存在有限的总时间长度(τ_T)，此时间段内发生的各子过程的速率被假设成随压强、流速和化学计量比等因素变化。各速率随某因素的变化特性又被用其他重要参数——敏感指数来表征。例如，表征某一过程速率对压强的敏感性，指数为

$$n = \frac{\partial \ln(\cdot)}{\partial \ln p} \tag{11-14}$$

式中，$(\cdot)$ 为某一过程速率。由于对压强的敏感性，表征燃气生成速率变化的时滞(τ)的定义表示为

$$\frac{\dot{m}-\bar{\dot{m}}}{\bar{\dot{m}}} = -\frac{\partial \tau}{\partial t} = n\frac{p'(t)-p'(t-\tau)}{\bar{p}} \tag{11-15}$$

类似地，可以引入其他状态量(如流速)的敏感指数。一旦上述参数化被认可，获得关于某一声波或者声腔稳定性的极限就只是一个数学建模的问题了。建立的数学模型中涉及气体动力学的部分可以是线性的，也可以包含非线性。这个理论的优势之一在于，问题的声学部分即燃烧室几何构型、稳态燃烧和热量释放等，与非稳态燃烧效应是分离开来的，这一特征允许将测试结果推广并积累有意义的稳定性数据。反过来，上述时滞与指数都是经验性的参数，是依靠大量的试验数据建立的。

后文应用敏感时滞理论给出简化成一维空间的燃烧室声学效应分析，考虑与燃烧相关的现象，如燃气生成、热量释放以及平均分子质量(记为 M)改变等。

11.2.1 燃气运动方程

考虑单位体积的控制体，其中既有气体也有液体；气体的密度和流速分别记为 ρ 和 u；由液体汽化导致的气体质量增长率为 $\dot{m}$。单位体积内的气体质量守恒方程为

$$\frac{\partial \rho}{\partial t} + \frac{\partial (\rho u)}{\partial x} = \dot{m} \tag{11-16}$$

单位体积内气体和液体之间动量交换导致的效应用彻体力 f 等效。单位体积内的气体动量方程为

$$\rho \frac{\partial u}{\partial t} + \rho u \frac{\partial u}{\partial x} + \frac{\partial p}{\partial x} = f \tag{11-17}$$

气体的宏观速度很小，其宏观动能可忽略；也忽略热传导；单位体积内作用于气体的热源包括燃烧热和汽化热，综合表示为 q。气团对外做功只表现为压缩/膨胀功。单位质量气体的能量方程为

$$c_v \left(\frac{\partial T}{\partial t} + u \frac{\partial T}{\partial x} \right) = \frac{q}{\rho} - p \left(\frac{\partial (1/\rho)}{\partial t} + u \frac{\partial (1/\rho)}{\partial x} \right) \tag{11-18}$$

气体所有的状态量和参数的起伏都围绕着一个稳定状态，表示为

$$u = 0 + u', \rho = \bar{\rho} + \rho', p = \bar{p} + p', T = \bar{T} + T', \mu = \bar{\mu} + \mu' \tag{11-19}$$

式中，μ 代表热物理性参数，如 μ。根据宏观稳定状态流速为零和小幅值波动的假设，有

$$\frac{\partial (\cdot)}{\partial t} + u \frac{\partial (\cdot)}{\partial x} = \frac{\partial (\cdot)'}{\partial t} + (u') \frac{\partial (\cdot)'}{\partial x} \approx \frac{\partial (\cdot)'}{\partial t} \tag{11-20}$$

利用式(11-20)，可将式(11-16)～式(11-18)变换为

$$\frac{\partial \rho'}{\partial t} + \bar{\rho} \frac{\partial u'}{\partial x} = \dot{m} \tag{11-21}$$

$$\bar{\rho} \frac{\partial u'}{\partial t} + \frac{\partial p'}{\partial x} = f \tag{11-22}$$

$$\bar{\rho} c_v \frac{\partial T'}{\partial t} = q + \frac{\bar{p}}{\bar{\rho}} \frac{\partial \rho'}{\partial t} \tag{11-23}$$

同样利用式(11-20)以及气体状态方程，可将状态变量关联为

$$\frac{p'}{\bar{p}} - \frac{\rho'}{\bar{\rho}} = \frac{T'}{\bar{T}} - \frac{M'}{\bar{M}} \tag{11-24}$$

将式(11-24)在时间域上取导数,依次代入式(11-23)、式(11-21),消除密度和温度起伏量的导数,可得

$$\frac{1}{c_p \overline{T}} \left[\frac{1}{\gamma - 1} \frac{\partial p'}{\partial t} - q + \frac{\overline{p}}{\gamma - 1} \frac{\partial (M'/\overline{M})}{\partial t} \right] + \overline{\rho} \frac{\partial u'}{\partial x} = \dot{m} \quad (11\text{-}25)$$

将式(11-25)在时间域上取导数,将式(11-22)在空间域上取导数,消除速度的导数,可得

$$\frac{\partial^2 p'}{\partial t^2} - c^2 \frac{\partial^2 p'}{\partial x^2} = \frac{\partial}{\partial t} \left[c^2 \dot{m} + (\gamma - 1) q - \overline{p} \frac{\partial (M'/\overline{M})}{\partial t} \right] - c^2 \frac{\partial f}{\partial x} \quad (11\text{-}26)$$

式中,$c = \sqrt{(\gamma - 1) c_p \overline{T}}$ 为燃气中的声速。

另外,将式(11-25)在空间域上取导数,将式(11-22)在时间域上取导数,消除压强的导数,可得

$$\frac{\partial^2 u'}{\partial t^2} - c^2 \frac{\partial^2 u'}{\partial x^2} = \frac{1}{\overline{\rho}} \frac{\partial f}{\partial t} - \frac{1}{\overline{\rho}} \frac{\partial}{\partial x} \left[c^2 \dot{m} + (\gamma - 1) q - \overline{p} \frac{\partial (M'/\overline{M})}{\partial t} \right] \quad (11\text{-}27)$$

至此,为使波动方程封闭,需要建立质量和热量添加、燃气分子质量随时间减小等对状态波动量的依赖关系,而这些关系是与具体的机制(如汽化、燃烧)相关的。

11.2.2 不稳定的一般条件

式(11-26)和式(11-27)表明,对于空间-时间域(x-t)上压强和速度的波动,质量和热量添加、燃气分子质量随时间减小(可以是大分子的分解),其共同的效应都是使气相的体积增大,在作为影响波动的因素这一意义上是等价的,其等价的组合量为

$$Q \equiv c^2 m + (\gamma - 1) q - \overline{p} \frac{\partial (M'/\overline{M})}{\partial t} \quad (11\text{-}28)$$

可以合理推测:当上述组合量达到峰值时,压强也达到峰值。先忽略动量方程中的彻体力(f),将方程(11-26)重写为

$$\frac{\partial^2 p'}{\partial t^2} - c^2 \frac{\partial^2 p'}{\partial x^2} = \frac{\partial Q}{\partial t} \quad (11\text{-}29)$$

设波动量的形式为

$$p' = \mathrm{Re}\left[\hat{p}' \mathrm{e}^{\mathrm{i}(\omega t - kx)} \right], \quad Q = \mathrm{Re}\left[\hat{Q} \mathrm{e}^{\mathrm{i}(\omega t - kx)} \right] \quad (11\text{-}30)$$

式中,$\hat{p}'$、$\hat{Q}$ 和 ω 都是复常数;k 为正实常数。将式(11-30)代入式(11-29),整理得

$$(-\omega^2 + k^2 c^2) \hat{p}' = \mathrm{i} \omega \hat{Q} \quad (11\text{-}31)$$

设 $\omega = \omega_R + i\omega_I$，代入式(11-31)，整理得

$$\frac{\hat{Q}}{\hat{p}'} = -\omega_I\left(1 + \frac{k^2c^2}{|\omega|^2}\right) + i\omega_R\left(1 - \frac{k^2c^2}{|\omega|^2}\right) \tag{11-32}$$

根据式(11-30)和式(11-32)可以得出以下结论。

(1) 若 $\omega_I = 0$，则 p' 是等幅振荡，且 iQ 与 p' 同相或者反相，即体积增大率(Q)的相位相对于 p' 超前或者滞后 $90°$。这是临界稳定情形。

(2) 若 $\omega_I < 0$，则 $p' = \hat{p}'e^{-\omega_I t}e^{i(\omega_R - kx)}$ 是不稳定的，此时必定有 $\text{Re}(\hat{Q}/\hat{p}') > 0$，这意味着 Q 有一个正的分量是与 p' 同相的。这再次验证了前文描述的物理直觉：压强上升时伴随使气相体积增大的因素必导致不稳定。

下面简要讨论彻体力对稳定性的影响。设彻体力波动量的形式为

$$f = \text{Re}\left[\hat{f}e^{i(\omega t - kx)}\right] \tag{11-33}$$

将式(11-30)和式(11-33)代入式(11-26)，整理得

$$(-\omega^2 + k^2c^2)\hat{p}' - c^2(ki)\hat{f} = i\omega\hat{Q} \tag{11-34}$$

设彻体力与压强波动的复振幅满足关系：

$$\hat{f} = ik\lambda\hat{p}' \tag{11-35}$$

当压强处在等幅振荡的状态时，$\omega > 0$；再设 $\lambda = \lambda_R + i\lambda_I$，由式(11-34)得

$$\frac{\hat{Q}}{\hat{p}'} = \lambda_I\frac{k^2c^2}{\omega} + i\left[\omega - \frac{k^2c^2}{\omega}(1 + \lambda_R)\right] \tag{11-36}$$

根据式(11-36)，发生不稳定时 $\lambda_I > 0$；而依据式(11-35)，必定有 $\text{Re}[\hat{f}/\hat{p}'] = -k\lambda_I < 0$，意味着气液两相之间的动量交换导致的彻体力与压强的负梯度方向相同，它是从振荡波中提取能量的因素。

11.2.3 敏感时滞理论

液滴汽化和燃烧的过程合称为液-气转化，其场景假设如下。

(1) 在时刻 $t - \tau_T$ 注入燃烧室的液滴在时刻 t 完成汽化和燃烧。

(2) 从时刻 $t - \tau_T$ 到时刻 $t - \tau$ 的时间段(记为 $[t - \tau_T, t - \tau]$)上，没有完全的汽化发生，只有前导过程。

(3) 在时间段 $[t - \tau, t]$ 内，汽化和燃烧的速率对压强和/或流速敏感。

(4) 在时间段 $[t - \tau, t]$ 内，实际的汽化和燃烧的速率随时间不断变化；但转化的总质量等于液滴的初始质量，这个气体添加的质量是与压强以及流速等无关的。

运用上述思想关联液-气转化速率和压强振荡的敏感性。仍以 $\dot{m}$ 表示液-气转化的当前时刻(t 时刻)单位体积中气体质量添加率，$\bar{\dot{m}}$ 表示其稳态值。当 $p \neq \bar{p}$ 时，有

第 11 章 不稳定燃烧分析与抑制

$$\dot{m} \approx \bar{m}\left(1 + n\frac{p-\bar{p}}{\bar{p}}\right) \tag{11-37}$$

表述在时间段内的燃气添加总量不变的关系式为

$$\int_{t-\tau}^{t} \bar{m}\left(1 + n\frac{p-\bar{p}}{\bar{p}}\right)\mathrm{d}t_1 \tag{11-38}$$

11.3 不稳定燃烧的抑制

11.3.1 概述

尽管在火箭发动机的设计过程中几乎会倾尽全力避免不稳定燃烧的发生,但仍然需要设置一些装置来阻尼潜在的不稳定燃烧波。新的技术是主动控制技术,原理是用反馈控制的声波发生器来抵消不稳定波。由于能检测到尚处于小幅值的不稳定波,故不需要消耗很大的声波发生功率。尽管如此,当前领域内的主流做法还是采用被动阻尼装置抑制燃烧不稳定。

最重要的高频稳定装置是喷注器头部隔板和声学吸收器。

隔板多是径向或者圆环形布置的障碍墙状结构,附着在喷注器头部,沿着轴向伸展 $0.1 \sim 0.2$ 个燃烧室直径的长度。迄今并未完全掌握隔板增强燃烧稳定性的准确机制,这导致不同发动机中隔板结构的多样性。这种效应似乎与液滴速度转换点(发生在非常靠近喷注板面的位置)的敏感性有关,影响对燃气谐振式周向运动的破坏,或者能够将当地的声学谐振频率转移到特征液滴汽化决定的频率之上。

声学吸收器是一些分布在燃烧室壁内的空腔,有狭小的通孔与燃烧室连通,在发生压强振荡时能耗散附近区域燃气的波动能量。相对于隔板,对声学吸收器的作用机理认识得更深入一些,设计者会对其效果更有信心。声学吸收器通常位于接近喷注面的圆柱壳段壁内,或者是一些位于喷注器和圆柱壳段壁之间的角槽(图 11.1)。有的声学吸收器的结构就是双层夹壁,其中一面壁上开有周期性排列的孔与燃烧室连通,也称声衬。设计优良的声学吸收器能在相对很宽的频率范围内保持较高的吸收系数。有时在一个燃烧室内设置不同的声学吸收器,分别调校到不同的谐振频率。

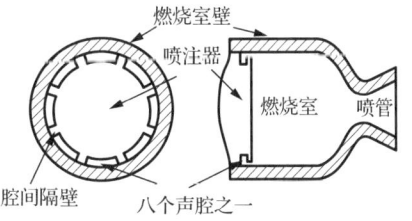

图 11.1 角槽式声学吸收器示意图

11.3.2 声学吸收器的谐振腔模型

图 11.2 是亥姆霍兹(Helmholtz)谐振腔概念的变形体,图中 A_1 为声腔与燃烧室之间连通孔的截面积,$L + \Delta L$ 为振荡气柱的有效长度。

首先考虑腔内气体运动的第一个半周期，此过程中腔内气体向外流到燃烧室中。谐振腔内滞止压强记为 p_R，气体加速运动（仍处于亚声速范围）而致压强降低，在狭窄通道流出孔的入口处，气压（$p_{R,d}$）表示为

$$p_{R,d} = p_R - \frac{1}{2}\rho u^2 \tag{11-39}$$

式中，ρ 和 u 分别为气流密度和速度。

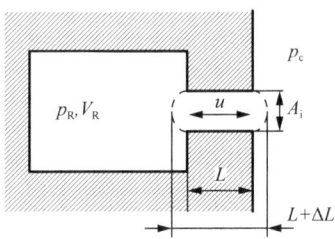

图 11.2　声学谐振腔示意图

谐振腔与燃烧室之间的连通孔中的气柱的动量方程为

$$\frac{d}{dt}(\rho A_i L u) = A_i (p_{R,d} - p_c)$$

用连通孔中的气体质量流率 $\dot{m} = \rho A_i u$ 表示动量方程为

$$\frac{d\dot{m}}{dt} = \frac{A_i}{L}\left(p_R - p_c - \frac{\dot{m}^2}{2\rho A_i^2}\right) \tag{11-40}$$

然后考虑腔内气体运动的下一个半周期，燃气向谐振腔填充，$\dot{m} < 0$。此时，在狭窄通道的燃烧室一侧入口处，气压（$p_{c,d}$）表示为

$$p_{c,d} = p_c - \frac{1}{2}\rho u^2 \tag{11-41}$$

此时连通孔中顺着气体实际流动方向的背压为气体谐振腔内的气压 p_R，连通孔中的气柱的动量方程为

$$\frac{d\dot{m}}{dt} = \frac{A_i}{L}\left(p_R - p_c + \frac{\dot{m}^2}{2\rho A_i^2}\right) \tag{11-42}$$

对式（11-40）、式（11-42）再次取微分，并根据 $\dot{m}$ 的符号将全周期内的气柱的动量方程统一写为

$$\frac{d^2\dot{m}}{dt^2} = \frac{A_i}{L}\left(\frac{dp_R}{dt} - \frac{dp_c}{dt} - \frac{|\dot{m}|}{\rho A_i^2}\frac{d\dot{m}}{dt}\right) \tag{11-43}$$

期望消除式（11-43）中的项 dp_R/dt，获得以 p_c 为激励量和以 $\dot{m}$ 为响应状态量的动态

方程。需要考虑谐振腔内气体的质量和能量平衡。谐振腔内气体的质量平衡方程为

$$\frac{\mathrm{d}}{\mathrm{d}t}(\rho_R V_R) = -\dot{m} \tag{11-44}$$

谐振腔内气体与腔壁之间绝热，且温度近似为常量，声速（记为c）也是常量，则其压强与密度的微分关系为

$$\mathrm{d}p_R = c^2 \mathrm{d}\rho_R$$

将上式代入式(11-44)，整理得

$$\frac{\mathrm{d}p_R}{\mathrm{d}t} = -\dot{m}\frac{c^2}{V_R} \tag{11-45}$$

将式(11-45)代入式(11-43)，整理得

$$\frac{\mathrm{d}^2\dot{m}}{\mathrm{d}t^2} + \frac{|\dot{m}|}{\rho L A_i}\frac{\mathrm{d}\dot{m}}{\mathrm{d}t} + \frac{c^2 A_i}{LV_R}\dot{m} = -\frac{A_i}{L}\frac{\mathrm{d}p_c}{\mathrm{d}t} \tag{11-46}$$

将$\dot{m}$视为时域函数，关于$\dot{m}$的微分方程(11-46)是二阶非线性的；但若用一个周期内的时域平均量$\overline{|\dot{m}|}$替代式(11-46)中的$|\dot{m}|$，还是可以得到近稳态过程（此时燃烧室压强围绕平均值的波动是小量）的合理解析结果。设方程(11-46)的解的形式为

$$\dot{m} = \mathrm{Re}(\hat{\dot{m}}\,\mathrm{e}^{\mathrm{i}\omega t}), \quad p_c' = p_c - \overline{p}_c = \mathrm{Re}(\hat{p}_c'\,\mathrm{e}^{\mathrm{i}\omega t}), \quad p_R' = p_R - \overline{p}_R = \mathrm{Re}(\hat{p}_R'\,\mathrm{e}^{\mathrm{i}\omega t}) \tag{11-47}$$

将式(11-47)代入式(11-46)，整理得

$$\left[-\omega^2 + \frac{\overline{|\dot{m}|}}{\rho L A_i}(\mathrm{i}\omega) + \frac{c^2 A_i}{LV_R}\right]\hat{\dot{m}} = -(\mathrm{i}\omega)\frac{A_i}{L}\hat{p}_c' \tag{11-48}$$

现在考察p_R'对p_c'的响应关系。将式(11-47)代入式(11-45)，整理得

$$(\mathrm{i}\omega)\hat{p}_R' = -\frac{c^2}{V_R}\hat{\dot{m}} \tag{11-49}$$

联立式(11-48)和式(11-49)，可求得

$$\left[-\omega^2 + \frac{\overline{|\dot{m}|}}{\rho L A_i}(\mathrm{i}\omega) + \frac{c^2 A_i}{LV_R}\right]\hat{p}_R' = \frac{c^2 A_i}{LV_R}\hat{p}_c' \tag{11-50}$$

式(11-48)和式(11-50)表明，作为二阶动态系统的气体谐振腔的固有频率为

$$\omega_n = c\sqrt{\frac{A_i}{LV_R}} \tag{11-51}$$

实际上，一般用估计的气柱有效长度$L + \Delta L$代替式(11-51)中的L。阻尼比为

$$\zeta = \frac{\overline{|\dot{m}|}}{2\rho L A_i c}\sqrt{\frac{LV_R}{A_i}} \tag{11-52}$$

根据图 11.3 所示整形正弦波 $|\dot{m}|$ 的图形关系，$\overline{|\dot{m}|} = (2/\pi)|\hat{\dot{m}}|$，故有

$$\overline{|\dot{m}|} = \frac{2}{\pi}\omega\frac{V_R}{c^2}\frac{\dfrac{c^2 A_i}{LV_R}}{\left|-\omega^2 + \dfrac{\overline{|\dot{m}|}}{\rho LA_i}(\mathrm{i}\omega) + \dfrac{c^2 A_i}{LV_R}\right|}|\hat{p}'_c| \tag{11-53}$$

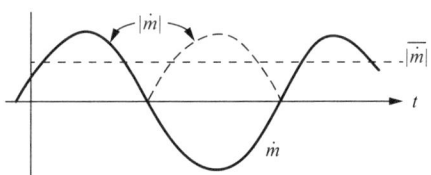

图 11.3　声学谐振腔气体流量的函数形式示意图

式(11-53)是关于 $\overline{|\dot{m}|}$ 的双二次(四次)方程，以燃烧室压强起伏量 p'_c 的幅值为参数。为书写方便，将方程(11-53)中各量做无量纲化处理。定义如下：

$$\phi \equiv \frac{\overline{|\dot{m}|}}{\omega\rho LA_i},\quad \nu \equiv \frac{\omega}{\omega_n} = \frac{\omega}{c}\sqrt{\frac{LV_R}{A_i}},\quad \sigma \equiv \frac{2}{\pi}\frac{V_R}{LA_i}\frac{|\hat{p}'_c|}{\frac{1}{2}\rho c^2} \tag{11-54}$$

利用定义式(11-54)可将方程(11-53)表示为

$$\phi = \frac{\sigma/2}{\left|1-\nu^2 + \mathrm{i}(\phi\nu^2)\right|} \tag{11-55}$$

求出 ϕ^2 表示为

$$\phi^2 = \frac{1}{2\nu^4}\left[-(1-\nu^2)^2 + \sqrt{(1-\nu^2)^4 + \sigma^2\nu^4}\right] \tag{11-56}$$

代入式(11-52)，阻尼比表示为

$$\zeta^2 = \frac{\sigma^2\nu^2/8}{(1-\nu^2)^2 + \sqrt{(1-\nu^2)^4 + \sigma^2\nu^4}} \tag{11-57}$$

根据上述结果，可以做出如下推断。

(1)对于任意振荡频率，阻尼比随着压强波动强度(由 σ^2 表示)的增大而增大。从数学角度讲，这是方程非线性的后果。从物理角度讲，气体吸入和排出空腔都产生能量耗散，而且狭窄通孔两端的压差越大，耗散的能量越多。

(2)根据式(11-57)，当 $\nu = 1$ 时阻尼比(ζ)取得最大值。此最大值表示式为

$$\zeta_{\max} = \sqrt{\sigma/8} = \sqrt{\frac{V_R}{2\pi LA_i}}\sqrt{\frac{|\hat{p}'_c|}{\rho c^2}} \tag{11-58}$$

(3) 根据期望抑制的不稳定频率，可选择声学谐振腔的几何尺寸。将谐振频率代入式(11-58)整理得

$$\zeta_{\max} = \frac{1}{\omega L}\sqrt{\frac{|\hat{p}'_c|}{2\pi\rho}} = \frac{\omega}{c^2}\frac{V_R}{A_i}\sqrt{\frac{|\hat{p}'_c|}{2\pi\rho}} \tag{11-59}$$

式(11-59)表明，可采取缩短连通孔的长度的途径来增大阻尼比。

设燃烧室压强波动幅值为稳态值的 3%，燃烧温度 $T_c = 3000\text{K}$，燃气平均分子质量 $M = 0.02\text{kg/mol}$，期望阻尼频率 $\omega = 2\pi \times 2000\text{Hz}$，取最大阻尼比 $\zeta_{\max} = 1$，则要求的连通孔的长度最短为

$$L = \frac{1}{\omega \zeta_{\max}}\sqrt{\frac{|\hat{p}'_c|}{2\pi\rho}} = \frac{1}{2\pi \times 2000} \times \sqrt{\frac{0.03 \times 8.314 \times 3000}{2\pi \times 0.02}}\text{m} = 6.1\text{mm}$$

故可选连通孔的长度为 6.5mm。接下来选择连通孔的直径 $d = 5\text{mm}$，声学谐振腔为圆柱腔，其直径 $D = 3\text{cm}$，可确定其高度为

$$H = \frac{\gamma R_g T_c}{\omega^2 L}\left(\frac{d}{D}\right)^2 = \frac{1.3 \times \frac{8.314}{0.02} \times 3000}{(2\pi \times 2000)^2 \times 0.0065} \times \left(\frac{0.005}{0.03}\right)^2 \text{m} = 4.4\text{cm}$$

(4) 根据期望的阻尼比，可以估计抑制燃烧振荡需要的吸收器数目。波动能与振幅的平方成正比，而阻尼比表征单周期能量耗散率，故设由 N 个声学谐振器耗散燃烧室的振荡能，每个谐振器都处在共振状态，则燃烧室的振荡阻尼比为

$$\zeta_c = \zeta_{\max}\frac{NV_R}{V_c}\frac{|\hat{p}'_R|^2}{|\hat{p}'_c|^2} = \frac{N}{V_c}\sqrt{\frac{\pi}{8}LA_iV_R}\sqrt{\gamma\overline{p_c}/|\hat{p}'_c|} \tag{11-60}$$

具体参数如下：$L = 6.5\text{mm}, V_R = \frac{\pi}{4}\times 30^2 \times 44\text{mm}^3, A_i = \frac{\pi}{4}\times 5^2\text{mm}^2, \gamma = 1.3, |\hat{p}'_c|/\overline{p}_c = 0.03$。

若取 $\zeta_c = 0.05$ 及 $V_c = 0.1\text{m}^3$，可得 $N \approx 608$。

上述结果看起来是合理的。

思考与练习题

11-1 发生不稳定燃烧时，燃烧室壁与燃气之间的传热会增强。试解释其可能的原因。

11-2 参照图 11.1 和图 11.2，设圆柱状燃烧室直径 $D = 0.2\text{m}$。沿头部截面的圆周外缘均匀布置 9 个抑制不稳定燃烧的声腔，相邻声腔之间隔墙厚度为 10mm。声腔宽度和深度均为 20mm；声腔与燃烧区之间连通槽的高度 $h = 1\text{mm}$，宽度 $L = 4\text{mm}$，振动气柱的附加长度 $\Delta L = 2\text{mm}$。试计算每个声腔的谐振频率。

第 12 章 固体推进剂及其燃烧特性

固体推进剂的燃烧既包含快速放热的氧化反应，又包含从固态到液态进而到气态的相变，当然也包含液体和气体的流动，因此其化学动力学、流体动力学现象更复杂。

不仅如此，固体推进剂本身也比液体或者气体推进剂更复杂。当固体推进剂的氧化剂和燃烧剂组分呈物理性(机械性)混合态组合在一起时，称为异质推进剂；当固体推进剂的氧化剂和燃烧剂组分为化学性结合而形成一种化合物时，称为匀质推进剂。

推进剂和炸药的化学成分基本上是相同的，突出的差别在于：推进剂的燃烧通常是亚声速的，炸药的燃烧通常是超声速的。固体推进剂应用在不同装置上，如火箭和枪炮，火箭内推进剂燃烧的压强为 10~100atm，而枪炮膛内推进剂燃烧的压强为 500~5000atm。

本章介绍固体推进剂的组分及其热化学性质，双基推进剂与复合推进剂的稳态燃烧唯象模型，利用燃烧波、传热与反应速率的简化模型预测燃速的初步方法，最后介绍燃烧增强现象。

12.1 推进剂组分及其热化学性质

1. 双基推进剂

硝化棉(英文缩写为 NC)是一种典型的匀质推进剂，这是一种硝化过的纤维素。纤维素的单体是葡萄糖($C_6H_7O_2(OH)_3$)，纤维素硝化时形成由脱水葡萄糖苷团组成的高分子量聚合物链，就是硝化棉。由于每个脱水葡萄糖苷团最多包含 3 个硝化基($-ONO_2$)，故纤维素完全硝化的硝化棉的链节化学式为

$$C_6H_7O_2(ONO_2)_3 \tag{12-1}$$

实际上制得的硝化棉平均链节上的硝化基不足 3 个。当氮含量为 12.6%时，其链节的平均化学式为

$$C_6H_{7.55}O_{2.55}(ONO_2)_{2.45} \tag{12-2}$$

硝化棉受热分解产物有两种：一种具有 C—H 和 C—H—O 的结构，呈燃烧剂的性质；另一种具有 NO_2 的结构，呈氧化剂的性质。

硝化棉本身呈纤维状，无法单独制成固态的装药。

硝化甘油(化学式为 $C_3H_5(ONO_2)_3$，英文缩写为 NG)也是一种典型的匀质推进剂。它也是硝化物，组成及分解效应和硝化棉类似，常温下呈液态，也无法单独制成固态的装药。

但是，适当比例的硝化棉和硝化甘油以及少量稳定剂则可以胶凝而形成固态的匀质推进剂，称为双基推进剂。基指硝化棉和硝化甘油这两种成分。在装药成型工艺学中，硝化甘油是增塑剂，硝化棉是黏结剂。稳定剂用于改善燃烧性能。此外，还可能包含降低机械撞击敏感度的安定剂、改善存储性能的防老化剂等添加成分。

双基推进剂的燃烧产物本质上是透明的，或者说是无烟的。

2. 复合推进剂

最早的异质推进剂是由呈氧化剂性质的很细小的晶粒和环绕在每个晶粒周围的呈燃烧剂性质的有机树脂混合成的，通常称为复合推进剂。作为氧化剂的晶粒受热分解时，含氧的成分离开表面变为气态，其性质取决于晶粒的化学结构。晶粒的分子结构中，氧含量越多则氧化性越强。用于异质推进剂的燃烧剂都含有C—H结构，并呈黏结剂性质，能使氧化剂晶粒黏合成大尺寸固体颗粒。

现代复合推进剂通常以黏结剂的化学名称来命名。黏结剂通常是含有C—C和C—H结构的人工合成橡胶。典型的黏结剂如端羟基聚丁二烯(英文缩写为 HTPB)。典型的以高氯酸铵(NH_4ClO_4，英文缩写为 AP)为氧化剂的复合推进剂主要由呈晶粒状的高氯酸铵、粉末状的铝和流塑性的聚丁二烯制备。其中，铝粉是燃烧剂，聚丁二烯兼起燃烧剂和黏结剂的作用。上述复合推进剂的装药制备过程是使晶粒状的高氯酸铵和铝粉均匀地弥散在聚丁二烯基体中。

除了与双基推进剂制备中类似的稳定剂、安定剂等添加成分之外，可能还需要促进黏结剂固化的交联剂。

复合推进剂燃烧产物中的HCl在空气中会吸湿形成白雾，含铝粉的复合推进剂燃烧产物中的Al_2O_3排出火箭喷管后呈烟状，故复合推进剂是有烟的。

3. 复合改性推进剂

从火箭推进性能的角度出发，要求固体推进剂燃烧产物的温度与其分子质量之比最大，即比冲最大。

复合推进剂的比冲随氧化剂、燃烧剂的混合比变化的幅值较大，调整混合比可获得最大比冲。

双基推进剂的比冲随硝化棉、硝化甘油混合比变化的幅度不是很大，由于硝化棉略微富燃而硝化甘油略微富氧，故成分大约为20%NC+80%NG时，可获得最大比冲。但是，实际使用的双基推进剂中必须包含 10%左右的增塑剂和 1%左右的稳定剂，故硝化棉和硝化甘油的混合比限制在 4∶6～6∶4，总体上还是富燃的。因此，在双基推进剂中加入高氯酸铵可以提高比冲，称为高氯酸铵复合改性双基推进剂(英文缩写为AP-CMDB)。

黑索金(化学式为 $C_3H_6(NNO_2)_3$，英文缩写为 RDX)和奥托金(化学式为 $C_4H_8(NNO_2)_4$，英文缩写为 HMX)是最常用于固体推进剂的硝胺。它们都是自身氧化剂和燃烧剂达到化学当量比的物质，因此与任何单独的燃烧剂或者氧化剂混合都导致比冲减小。由于它们比硝化棉或者硝化甘油的含能量更高，故可以添加到双基推进剂中提高比冲，称为硝胺复合改性双基推进剂(英文缩写为 RDX-CMDB 或者 HMX-CMDB)。在密度、冲击敏感度、限制自燃温度等方面，HMX 比 RDX 的性能更好。

如本书前文所述，设计装药形状是为了得到一定的推力-时间特性曲线。由于有时要求推进剂装药处于很低或者很高温度的环境中，又要它承受火箭运输和发射过程中的高压和大的力学冲击，所以要求装药能够经得起预定范围的热应力和机械应力作用，具有适当的延展性和抗拉强度等。因此，选择推进剂的成分时，需要燃烧特性、内弹道学性能以及力学性能等多方面因素的综合权衡。

12.2 固体推进剂的稳态燃烧模型

12.2.1 双基推进剂的燃烧

使双基推进剂的装药静置、可燃端面水平条件下燃烧，火焰结构在燃面法线方向上呈现一维变化、横向均匀的表象。发光火焰与燃面之间有一个透明区(称为暗区)，其厚度(相当于发光火焰的脱体距离)随着燃气压强的增大而减小。图 12.1 中各定性分区的特征如下。

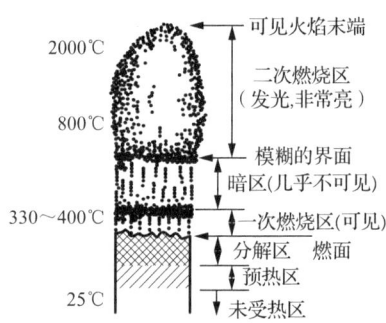

图 12.1 惰性气氛中双基推进剂药条火焰结构与温度分布示意图

(1) 分解区。化学反应从固体表面(燃面)下的预热区最上层就开始了，最初是连接在碳环上的硝化基中的 $CO-NO_2$ 键断裂，形成 NO_2 和各类醛(特征基为 CHO)；同时，发生包含 NO_2 的再化合反应，生成少量 NO、CO 和 CO_2 等并从表面逸出，反应净效应是放热的。紧贴燃面之下的区域因为受热软化、液化和气化反应呈现发泡现象，直到燃面处发生完全的气化。

(2) 一次燃烧区。该区域内的反应十分剧烈甚至嘶嘶发声，亦称为"嘶嘶区"。NO_2 和醛类进一步发生反应，释放少量的热，NO_2 被还原为 NO，乃至 N_2。主要成分是 CO、NO、CO_2 和 H_2O。该区域可以很薄，如在燃气压强为 20atm 时的厚度大约为 100μm。该区域顶部的温度为 800~1400℃。

(3) 暗区。该区域内沿燃面法线方向上温度以及主要成分的浓度几乎保持不变。

(4) 二次燃烧区。不活泼的 NO 被还原为 N_2，C 和 H 都被氧化。燃气温度可能达到 2000~3000℃。

为了简洁地表示双基推进剂的燃烧过程，后文将双基推进剂的链节表示为 $RONO_2$，其中 R 表示烃和羟基（OH）组合，R′ 表示 R 中部分键断裂后的组合。

分解区的主要反应表示为

$$RONO_2 \longrightarrow NO_2 + R'CHO \tag{12-3}$$

一次燃烧区中的主要反应表示为

$$NO_2 + CH_2O \longrightarrow NO + H_2O + CO \tag{12-4}$$

$$2NO + 2CH_2O \longrightarrow N_2 + 2H_2O + 2CO \tag{12-5}$$

二次燃烧区中的主要反应表示为

$$2NO + 2CO \longrightarrow N_2 + 2CO_2 \tag{12-6}$$

$$2NO + 2H_2 \longrightarrow N_2 + 2H_2O \tag{12-7}$$

12.2.2 不含金属的复合推进剂的燃烧

通常认为，固体黏结剂在表面处燃气的加热作用下熔化、降解。降解指黏结剂的长链随机断裂，生成容易挥发的碎片、单基小分子烃和碳，这个过程是吸热的。

高氯酸铵颗粒在表面处燃气的加热作用下，首先发生升华和分解而气化，产物主要是气态的 NH_3 和 $HClO_4$；进一步的反应则产生 H_2O、O_2 和 HCl 等成分。总的化学反应表示为

$$NH_4ClO_4(s) \longrightarrow NH_3(g) + HClO_4(g) \tag{12-8}$$

$$NH_3(g) + HClO_4(g) \longrightarrow H_2O + O_2 + HCl + N_2 + Cl_2 \tag{12-9}$$

由于大小不一的高氯酸铵颗粒弥散在黏结剂基体中，复合推进剂的火焰呈复杂的三维结构，一种典型的多火焰模型示意如图 12.2 所示，这还只是在没有横向气流情况下的简化稳态火焰。

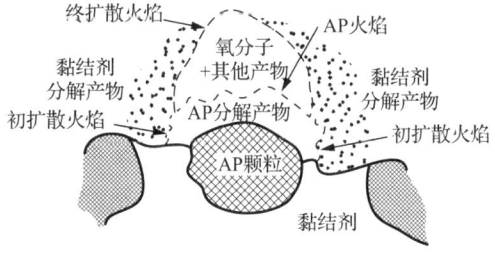

图 12.2 复合推进剂（PB/AP）的多火焰模型示意图

在高氯酸铵颗粒的升华/分解面上方气相区，由近及远依次分布着如式（12-8）和式（12-9）所示的不同阶段反应产物。其中，式（12-9）所示产生富氧产物（约 30%O_2）的反

应释放的热量使分解产物达到较高的温度,形成 AP 火焰。在横向上,高氯酸铵颗粒升华/分解产物中的 $HClO_4$ 与黏结剂分解产生的碳和烃类之间发生初始燃烧,形成初扩散火焰。最强烈的发光发热反应发生在黏结剂分解产物、初始燃烧产物与 AP 火焰之后的富氧成分之间,并形成终扩散火焰。

12.2.3 铝粉在固体推进剂中的燃烧

金属粉末密度大、燃烧热值高,对于增大比冲有意义。广泛使用的是铝粉,颗粒尺寸为 $10\sim 40\mu m$,在推进剂中的质量分数为 $12\%\sim 20\%$。铝粉在燃烧过程中的响应细节与金属性质、推进剂配方、组分的颗粒尺寸分布,以及在燃烧介质中的流动状况都有关。铝粉的部分热物理性质列于表 12.1 中。

表12.1 用于固体推进剂的铝粉部分热物理性质

熔点/K	氧化物熔点/K	沸点/K	氧化物沸点/K	氧化表面气孔率	与氧化物热膨胀系数之比
933	2320	约2750	3253	1.45	>1.0

由于沸点高,铝粉在燃面处的温度下不会气化,形成典型尺寸为 $50\sim 200\mu m$ 的凝滴,而这些凝滴表面又会生成氧化铝。表面氧化铝与固态金属铝的摩尔体积比称为氧化表面的气孔率。铝凝滴的氧化表面气孔率大于 1,意味着表面氧化层抑制内层铝的进一步氧化。幸而铝的热膨胀系数比氧化铝的大,被包裹的铝的膨胀往往使氧化层破裂。

表面氧化并不断破裂的铝凝滴离开燃烧表面后缓慢燃烧,燃尽时间为 $10\sim 100ms$,释放的大部分热量位于远离燃烧表面的地方,对推进剂燃速几乎没有影响。

现在给出一个黏结剂中弥散着的铝粉的比较连贯的燃烧图像,如图 12.3 所示。

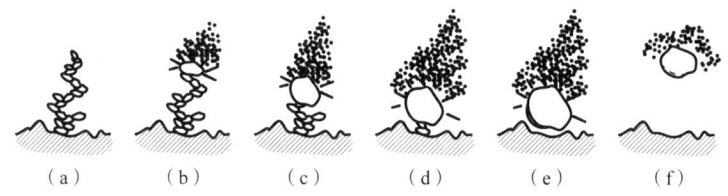

图 12.3 铝粉在固体推进剂表面聚集-燃烧过程示意图

在固体中,小的铝粒充填在大的氧化剂颗粒之间。当推进剂燃烧表面靠近铝粒时,铝粒温度不断升高,而四周的黏结剂因热分解逸出,原来呈埋入状态的铝粒暴露在最初由燃烧剂组成的蒸气气氛中并不断向外突出。由于黏结剂的"潮湿"层与中间分解产物的共同黏附作用,脱离固体黏结剂的铝粒不能立刻离开固体表面,而是与多个邻近的铝粒发生聚集。铝粒的聚合体形状不规则,在气流作用下呈丝状向远离燃面的方向伸展。外端的气氛温度更高,导致氧化物表面局部破裂和铝的燃烧,这时铝的氧化反应使自身加热变得很重要,丝状物末端朝向燃面下落式连续坍缩成体积更大、表面积更小的铝凝滴，灼热的表面冒出羽烟形成火焰外层。当火焰接近推进剂表面时，铝凝滴脱落，随气流远离燃面。

12.3 固体推进剂燃速的控制因素

固体火箭发动机性能改善的下述方面都与燃烧过程的现象有关：①提高比冲；②使推进剂燃速在一定范围内变化；③降低燃速的压强指数；④降低燃速的温度敏感度。

12.3.1 燃烧波的一般描述

固体推进剂的燃烧过程在很大程度上取决于燃烧波的结构。燃烧波指燃烧导致的运动着的温度场、化学组分场。如前文所述，复合推进剂的火焰结构在空间上一般是三维的，相应的燃烧波方程也是三维的。为简化描述，选择匀质固体推进剂为对象。

图 12.4 是匀质固体推进剂的一维燃烧波结构示意图。其中，T_0、T_s 和 T_f 分别为固体推进剂初始温度、燃烧表面温度和发光火焰区温度。当使观察者固定在燃烧表面上时，温度场、化学组分场相对于时间和空间都呈现静止不变的状态。

图 12.5 是稳定燃烧表面的热平衡模型示意图。热平衡式表示为

$$\lambda_p \left(\frac{dT}{dx}\right)_{s^-} = \lambda_g \left(\frac{dT}{dx}\right)_{s^+} + \rho_p r q_s + I_f \tag{12-10}$$

式中，λ 为介质的热导率，其下标 p、g 分别指代固体推进剂和燃烧表面上的气体；s^- 和 s^+ 分别表示燃烧表面的固体推进剂侧和气体侧，这和规定的空间坐标(x)轴的正方向一致；q_s 为燃烧表面处的单位质量的固体推进剂反应的净热量；I_f 为由热辐射导致的从气相区向燃烧表面的反馈热流密度，其单位为 W / m²。

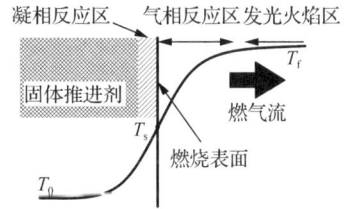
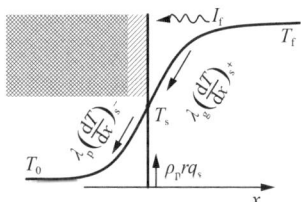

图 12.4 匀质固体推进剂的一维燃烧波结构示意图　图 12.5 稳定燃烧表面的热平衡模型示意图

稳态燃烧波的状态量只有空间分布，任一空间点处的状态量不随时间变化。燃烧波的质量、动量、能量和化学组分的守恒方程依次为

$$\nabla \cdot (\rho \boldsymbol{u}) = 0 \tag{12-11}$$

$$\rho(\boldsymbol{u} \cdot \nabla)\boldsymbol{u} = -\nabla p \tag{12-12}$$

$$\nabla \cdot (\rho c_p T \boldsymbol{u} - \lambda \nabla T) = -\sum \omega_i q_i \tag{12-13}$$

$$\nabla \cdot (\rho Y_i \boldsymbol{u} - \rho D \nabla Y_i) = \omega_i \tag{12-14}$$

式(12-13)等号左手侧括号内的第一项为对流热流,第二项为传导热流;ω_i为第i种组分的生成速率;q_i为每单位第i种组分的生成热。ω_i和q_i的单位须是匹配的,若q_i的单位为J/kg,则ω_i的单位应为kg/s。按照化学热力学中的约定,净放热量为负数。式(12-14)的形式与式(12-13)相似,其中Y_i为第i种组分的质量分数。

12.3.2 燃烧波中的传热机理

利用式(12-13)分析固体和气体中的传热。

对于固体,其中的分解反应很弱,忽略反应热,故传导热流和对流热流的大小相等。依照图12.5中定义的空间坐标方向,传导热流指向x轴的负方向;顺着x轴的正方向,传导热流密度是增大的。

在气体区域,可将燃烧看成一个氧化剂分子和一个燃料分子参与的一步化学反应,燃烧速率表示式为

$$\omega_g = \rho_g^2 Y_o Y_f Z_g \exp\left(-\frac{E_a}{RT}\right) \tag{12-15}$$

式中,ρ_g为气体混合物的密度;Y_o为氧化剂的质量分数;Y_f为燃料的质量分数;E_a为燃烧的活化能;Z_g为燃烧速率指数项前的系数;R为气体常数。

随着固体分解反应在燃面上持续发生,氧化剂、燃料以及燃烧产物的气体分子都朝向燃面的右手侧下游移动。在燃面的右手侧,距离燃面越远的位置上,温度越高,氧化剂、燃料气体的质量分数越小,燃烧产物分子的质量分数越大。燃烧产热的速率随坐标值增大呈现先增大再减小的现象。

将式(12-13)等号左手侧的各项都移到右手侧,固体、气体区域中的对流、传导以及燃烧对应的单位体积热功率的空间分布如图12.6所示。

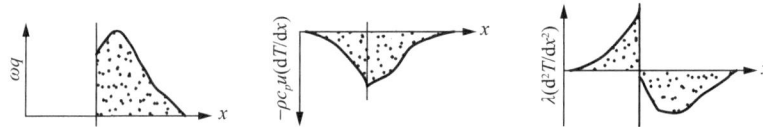

图12.6 稳定燃烧状态的固体和气体区域热平衡

12.3.3 固相中的传热

根据式(12-11),在燃面两侧的质量平衡关系为

$$\rho_g u = \rho_p r \tag{12-16}$$

固相中的能量方程为

$$\lambda_p \frac{d^2 T}{dx^2} - \rho_p r c_v \frac{dT}{dx} = 0 \tag{12-17}$$

式中，物性参数 λ_p 和 c_v 均为与温度无关的常量；c_v 为固相的比定容热容。方程(12-17)的积分边界条件为

$$\begin{cases} x = -\infty, T = T_0 \\ x = 0, \ T = T_s \end{cases}$$

利用边界条件可得从燃面到固相的反馈热流为

$$\lambda_p \left(\frac{dT}{dx}\right)_{s^-} = \rho_p r c_v (T_s - T_0) \tag{12-18}$$

固相中的温度场分布为

$$T(x) - T_0 = (T_s - T_0) \exp\left(\frac{\rho_p r c_v}{\lambda_p} x\right) \tag{12-19}$$

对典型固体推进剂，参数如下：$T_0 = 20^\circ\text{C}$，$T_s = 300^\circ\text{C}$，$\rho_p = 1.6 \times 10^3 \text{kg/m}^3$，$c_v = 1.465 \times 10^3 \text{J/(kg·K)}$，$\lambda_p = 0.21 \text{W/(m·K)}$。

以上述参数计算固相中的温度场分布，如图 12.7 所示。燃速 r 分别为 2mm/s、10mm/s、50mm/s 时，热波厚度（$\delta = \lambda_p / (\rho_p c_v r)$）分别为 45μm、9μm、1.8μm。这表明，一般情况下预热区很薄。

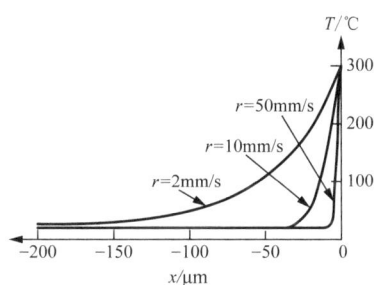

图 12.7 推进剂固相中的温度分布示意图

12.3.4 气相中的传热

气相中的能量方程为

$$\lambda_g \frac{d^2 T}{dx^2} - \rho_g u c_p \frac{dT}{dx} = \omega_g q_g \tag{12-20}$$

式中，物性参数 λ_g 和 c_p 均为与温度无关的常量；c_p 为气相的比定压热容。方程(12-20)可看成未知函数 dT/dx 关于变量 x 的一阶线性非齐次方程。当将 $\omega_g q_g$ 视为变量 x 的函数时，通解为

$$\lambda_g \frac{dT}{dx} = e^{\frac{\rho_g u c_p}{\lambda_g} x} \left(\int_0^x \omega_g q_g e^{-\frac{\rho_g u c_p}{\lambda_g} y} dy + C \right) \tag{12-21}$$

式中，C 为任意常数。根据式(12-21)，在燃面右侧 $x=0^+$ 处的热流为

$$\left(\lambda_g \frac{dT}{dx}\right)_{s^+} = C \tag{12-22}$$

在 $x=+\infty$ 处 dT/dx 为有限量的条件为

$$\int_0^{+\infty} \omega_g q_g e^{-\frac{\rho_g u c_p}{\lambda_g} y} dy + C = 0 \tag{12-23}$$

组合式(12-22)和式(12-23)可得

$$\lambda_g \left(\frac{dT}{dx}\right)_{s^+} = -\int_0^{+\infty} \omega_g q_g e^{-\frac{\rho_g u c_p}{\lambda_g} y} dy \tag{12-24}$$

式(12-24)等号左手侧的温度梯度是正数，右手侧的量 q_g 是负数。

下面考虑一种假想的情况：燃烧仅发生在一个有限的区域 $[0, x_f]$，并且反应速率为常量。对式(12-24)积分可得

$$\lambda_g \left(\frac{dT}{dx}\right)_{s^+} = (-q_g) \frac{\omega_g \lambda_g}{\rho_g u c_p} \left[1 - \exp\left(-\frac{\rho_g u c_p}{\lambda_g} x_f\right)\right] \tag{12-25}$$

对于燃烧着的固体推进剂，有 $\rho_g u c_p x_f / \lambda_g \gg 1$。故式(12-25)可简化为

$$\lambda_g \left(\frac{dT}{dx}\right)_{s^+} \approx (-q_g) \frac{\omega_g \lambda_g}{\rho_g u c_p} = (-q_g) \frac{\omega_g \lambda_g}{\rho_p r c_p} \tag{12-26}$$

12.3.5 用简化的气相传热模型计算推进剂燃速

将式(12-18)和式(12-26)代入式(12-10)中，并忽略气相对燃烧表面的辐射传热，整理得到燃速关联式为

$$r = \frac{1}{\rho_p} \left[\frac{(-q_g) \omega_g \lambda_g}{c_v c_p (T_s - T_0 - q_s / c_v)}\right]^{1/2} \tag{12-27}$$

假设式(12-27)中的气相化学反应速率项 ω_g 遵循式(12-15)所示形式，其中 Z_g 和 E_a 这两个化学动力学参数以及化学热力学参数 q_g 由反应机理决定；λ_g、c_v、c_p、ρ_p 由推进剂的化学组成决定；q_s 由燃烧表面处的分解机理决定；气相的平衡温度 T_g 可依能量方程确定为

$$T_g = T_0 + \frac{q_s}{c_v} + \frac{q_g}{c_p} \tag{12-28}$$

而气相的密度可依据理想气体状态方程，由给定的燃烧氛围压强确定为

$$\rho_g = \frac{p}{R_g T_g} \tag{12-29}$$

现在回来检视式(12-27)，其中包含两个未知数：r 和 T_s。因此，还需要一个关联 r

和 T_s 的方程,才能使燃烧速率可求解。假设在燃烧表面处的分解反应所致燃速与燃面处温度之间满足形式为阿伦尼乌斯(Arrhenius)公式的关联式,即

$$r = Z_s \exp\left(-\frac{E_s}{RT_s}\right) \tag{12-30}$$

式中,E_s 为燃烧表面分解反应的活化能;Z_s 为分解反应的指前因子,其量纲与 r 的相同。至此,就可以求出燃烧速率了。

12.3.6 气相中的燃烧速率

化学反应速率决定了推进剂燃烧波中的传热速率,也由此决定了推进剂固体的燃速。在作一些简化后,可以建立双基推进剂一次燃烧区含化学反应的流场的温度、速度、组分质量分数分布模型。

假设含化学反应的燃气流是一维的;流动是稳态的,没有传导和辐射机制的传热;沿着流动方向上没有化学成分(也称为组分)的扩散。质量、动量和能量守恒方程表示为

$$\frac{d(\rho u)}{dx} = 0 \tag{12-31}$$

$$\rho u \frac{du}{dx} + \frac{dp}{dx} = 0 \tag{12-32}$$

$$H_0 = \sum_{i=1}^{n} h_i Y_i + \frac{u^2}{2} \tag{12-33}$$

式中,n 为组分的数目;$Y_i(i=1,2,\cdots,n)$ 为第 i 种组分的质量分数;h_i 为第 i 种组分的比热焓,其定义为

$$h_i = \Delta H_{fi} + \int_{T_0}^{T} c_{pi}(\tau) d\tau \tag{12-34}$$

式中,ΔH_{fi} 为在初温 T_0 时的标准生成焓;以积分形式计算温度区间 $[T_0, T]$ 上的热焓增量,意味着考虑比定压热容随温度变化的情况。

将燃气各组分视为温度相同的理想气体,混合物的状态方程为

$$p = \rho T \sum_{i=1}^{n} Y_i R_i \tag{12-35}$$

各组分的分布受各处的组分质量分数以及化学反应速率的影响。回顾基元反应的相关概念:质量作用定律只适用于基元反应;基元反应是指反应物微粒(分子、原子、离子和自由基)只经过一步就转化为生成物的反应。在燃烧波中同时发生 N 个基元反应,第 j 个基元反应的形式为

$$\sum_{i=1}^{n} \alpha_{i,j}^{*} M_i \underset{k_{b,j}}{\overset{k_{f,j}}{\rightleftharpoons}} \sum_{i=1}^{n} \alpha_{i,j}^{**} M_i \tag{12-36}$$

式中，$k_{f,j}$ 和 $k_{b,j}$ 分别是正向和逆向反应的速率常量；$\alpha_{i,j}^*$ 和 $\alpha_{i,j}^{**}$ 分别为在第 j 个基元反应中的正向反应的反应物和生成物组分系数；M_i 为第 i 种组分。利用基元反应表示式，可将第 i 种组分的质量分数（Y_i）梯度表示为

$$\frac{\mathrm{d}Y_i}{\mathrm{d}x} = \frac{1}{\rho u} \sum_{j=1}^N \left\{ (\alpha_{i,j}^{**} - \alpha_{i,j}^*) \left[k_{f,j} \prod_{m=1}^n (\rho Y_m)^{\alpha_{m,j}^*} - k_{b,j} \prod_{m=1}^n (\rho Y_m)^{\alpha_{m,j}^{**}} \right] \right\} \quad (12\text{-}37)$$

由方程（12-31）~方程（12-35）和方程（12-37），可求解出沿着 x 方向的温度、压强、密度、速度、组分质量分数及其比热焓共 $2n+4$ 个变量的分布。

例如，在双基推进剂一次燃烧区仅考虑 CH_2O 和 NO_2 之间的二级、一步正向反应，反应表示为

$$5CH_2O + 7NO_2 \xrightarrow{k_f} 7NO + 5H_2O + 3CO + 2CO_2$$

在 $x=0$ 处温度、组分和反应速率常量为

$$k_f = 6 \times 10^8 \exp[-8000/(RT)]$$
$$Y_{CH_2O} = 18.3 \text{mol/kg}$$
$$Y_{NO_2} = 9.8 \text{mol/kg}$$
$$T_s = 598 \text{K}$$

读者可试求解燃面处压强给定（如 $p=30\text{atm}$）条件下的燃气参数分布。

12.4 燃烧增强现象

1. 侵蚀燃烧

如图 12.8 所示，圆柱形内孔燃烧装药，在燃烧一段时间后，装药内孔的前段仍近似为圆柱形，而后段成为锥形。这表明越趋近喷管入口，装药内孔面的燃速越大。这种不同位置处燃速的差别与当地燃气的平行于燃面的流速不同（如图 12.8 中 u-x 曲线所示）相关联。用侵蚀比表征燃速增大的程度，定义为

$$\varepsilon = \frac{r}{r_0} \quad (12\text{-}38)$$

式中，r_0 为相同压强、相同初温且没有平行于燃面的气流影响的燃速。

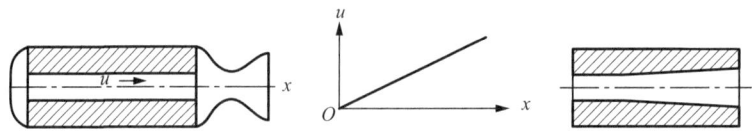

图 12.8 内孔装药侵蚀燃烧示意图

侵蚀燃烧是流动过程和燃烧过程相互影响产生的，可用边界层理论解释。燃气流速

逐渐增大时，燃面上的流动由层流过渡到湍流，但紧贴燃面的仍为层流底层。当层流底层的厚度大于气相反应区的厚度时，燃速与燃气主流流速无关；反之，湍流就侵入气相反应区，使气相反应和燃气向装药传热都增强，燃速增大。压强增大时，层流底层和气相反应区的厚度都减小，但层流底层变得更薄，故较小燃气流速处的燃面就表现出侵蚀燃烧特征。

2. 瞬变燃烧

燃烧室压强急剧变化过程中，燃速与稳态值不同，并且燃速对压强变化的响应是非线性的。

例如，压强升高时，气相反应区变薄，燃速增大，燃面上固体转化成燃气的射流流量增大，喷射效应使气相反应区增厚，火焰远离燃面，对固体装药的热反馈减弱，导致燃速不是持续增大。另外，压强增大同时使燃气密度增大，又抑制新生成燃气的喷射效应。

3. 火箭加速运动时的燃烧

火箭在推力作用下加速飞行，或者利用绕箭体中心轴旋转来稳定姿态和消除推力偏心的影响，燃面附近的凝相颗粒在惯性作用下向燃面加速运动时，当地燃面的燃速就增大。其主要原因还是凝相颗粒本身增强对推进剂传热，其运动也侵扰燃面处的流动和反应，使传热和气相反应都增强。

思考与练习题

12-1 改变高氯酸铵颗粒尺寸，为什么会导致燃速改变？

12-2 推进剂初温是如何影响燃速的？

参 考 文 献

阿列玛索夫 B E，等，1993．火箭发动机原理[M]．张中钦，庄逢辰，等，译．北京：宇航出版社．
戈登·C．奥兹，2016．航空发动机部件气动热力学[M]．金东海，高军辉，金捷，等，译．北京：航空工业出版社．
格拉斯曼 I，索耶 R F，1979．化学推进剂的能量特性[M]．李洪耀，译．北京：国防工业出版社．
郭 K K，萨默菲尔德 M，1988．固体推进剂燃烧基础（上册）[M]．宋兆武，译．北京：宇航出版社．
洛马金，1978．离心泵与轴流泵[M]．北京：机械工业出版社．
钱学森，2008．星际航行概论[M]．北京：中国宇航出版社．
斯捷潘诺夫 A J，1980．离心泵和轴流泵：理论、设计和应用[M]．徐行健，译．北京：机械工业出版社．
曾明，刘伟，邹建军，2016．空气动力学基础[M]．北京：科学出版社．
MANUEL M S, 2005. Rocket Propulsion[DS/OL]. https://ocw.mit.edu/courses/aeronautics-and-astronautics/16-512-rocket-propulsion-fall-2005.
MANUEL M S, 2012. Introduction to Propulsion Systems[DS/OL]. https://ocw.mit.edu/courses/aeronautics-and-astronautics/16-50-introduction-to-propulsion-systems- spring-2012.